本书出版得到

西安美术学院学科建设专项资金支持

西安美术学院优秀博士文丛

汉服论

李　晰　著

文物出版社

图书在版编目（ＣＩＰ）数据

汉服论 / 李晰著 . -- 北京：文物出版社，2023.1

（西安美术学院优秀博士文丛）

ISBN 978-7-5010-7435-8

Ⅰ.①汉… Ⅱ.①李… Ⅲ.①汉族－民族服装－研究

－中国 Ⅳ.① TS941.742.811

中国版本图书馆 CIP 数据核字 (2022) 第 054545 号

西安美术学院优秀博士文丛

汉服论

著　　者：李　晰

责任编辑：陈　峰
责任印制：张道奇

出版发行：文物出版社
社　　址：北京市东城区东直门内北小街 2 号楼
邮　　编：100007
网　　址：www.wenwu.com
经　　销：新华书店
印　　刷：陕西龙山海天艺术印务有限公司
开　　本：965mm×1270mm　1/32
印　　张：8.875
版　　次：2023 年 1 月第 1 版
印　　次：2023 年 1 月第 1 次印刷
书　　号：ISBN 978-7-5010-7435-8
定　　价：98.00 元

一　皇帝冕服展示图（采自周汛、高春明《中国服饰五千年》）

二　冕冠图（采自周汛、高春明《中国服饰五千年》）

三　赤舄图（采自周汛、高春明《中国服饰五千年》）

四　穿杂裾垂髾服的妇女（顾恺之《洛神赋图》局部）

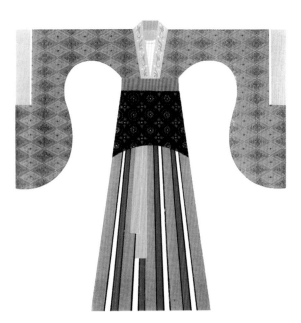

五　大袖衫、间色裙穿戴展示图（周汛、高春明《中国服饰五千年》）

六　短襦、长裙、披帛穿戴展示图（周汛、高春明《中国服饰五千年》）

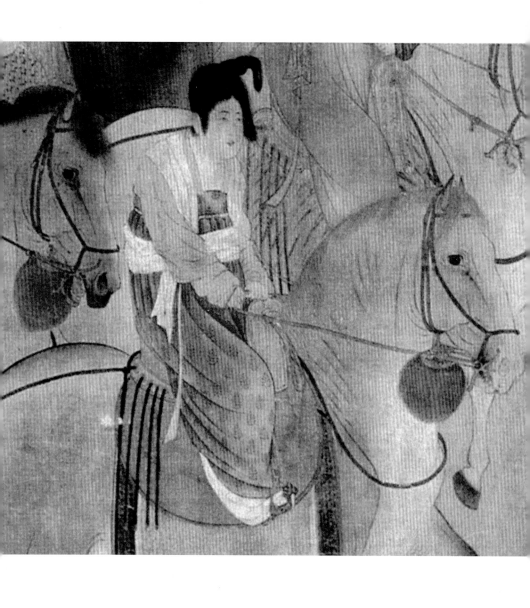

七　穿襦裙、披帛的妇女（张萱《虢国夫人游春图》局部）

八　穿大袖罗衫、长裙、披帛的贵妇（周昉《簪花仕女图》局部）

九　褘衣展示图（周汛、高春明《中国服饰五千年》）

一〇　翟衣展示图（周汛、高春明《中国服饰五千年》）

一一　乌纱帽（上海肇嘉浜路潘允徵墓出土）

一二　水田衣穿戴展示图（周汛、高春明《中国服饰五千年》）

一三　戴朝冠、穿朝服的皇后（故宫博物院藏《清代帝后像》

一四　蟒袍（传世）

一五　低领镶边大袄（传世）

一六　宽袖花缎阔边大袄（传世）

一七　窄袖花缎阔边大袄（传世）

一八　彩绣高领袄（传世）

一九　圆摆大袖短袄（传世）

二〇　缎地绣花镶阔边旗袍（传世）

"西安美术学院优秀博士文丛" 总序

陕西文化底蕴深厚，历史遗存丰富，既具有得天独厚的人文历史景观、丰富的艺术文化资源，还有中国共产党领导的以延安为中心的伟大革命史和绽放光芒的延安精神等宝贵的革命文化资源。西安美术学院将自身的发展根植于这片文化沃土之中，在 65 年办学历程中，长期坚持并重视周秦汉唐历史文化、延安革命文艺、西北民间艺术、当代长安画派与黄土画派"四大传统"和绘画、书法、美术史论、中国民间美术"四大基础"教学与现代美术观念的发展变化，逐渐形成了基础雄厚、结构合理、特色鲜明的美术教育体系。

2003 年，我院获得了美术学博士学位授予权，2004 年，招收了第一批博士研究生。2012 年，经过审核，博士学位授予权增加为美术学、设计学和艺术学理论三个一级学科。2014 年，又获批设立美术学博士后科研流动站。至 2015 年，我院历届共招收博士研究生 122 名，已授予学位 68 名。

近年来，随着学科建设和研究生培养的不断发展，学院以科学发展观为指导，将强化研究生教育作为总体发展战略的重要一环，努力构建具有自身特色的培养体系，不断提升创作水平和学术水平。在研究生培养方面，推进学位公共课程改革，搭建了以"艺术季"为主题的学术月平台；坚持周秦汉唐传统文化艺术考察，常设国际名家工作坊等等，通过拓展研究创作新观念、新视域、新方法，营造多元开放的学术氛围，旨在培养研究领域宽广、学术训练扎实、实践性强、应用面广的高层次艺术人才。

2015 年，学科建设办公室和研究生处为了凝练与凸显学院博士研究生培养的模式与特色，梳理研究生培养成果，鼓励后学，与文物出版社合作，推出"西安美术学院优秀博士文丛"出版计划，以此来展示博士研究生艺术理论研究的新成果，推动专业学术发展。文库所选书稿，是以历年毕业的博士学位论文为基础，是作者在博士学位论文基础上，吸收各位评委专家及导师的修改意见，融入学术研究的新成果。

丛书选取具有较强学术价值、理论价值和现实意义，同时具有原创性、科学性，是作者对艺术理论体系深入理解和思考的结晶。

"西安美术学院优秀博士文丛"的顺利面世，离不开国内外艺术院校、专家学者对我院博士生教育的帮助、支持以及各位导师对博士生的辛勤指导。希望通过丛书的出版，进一步激励在学博士生的研究精神、钻研精神和创新精神，促进我院研究生学术质量和培养质量的提高，为今后学院艺术教育的发展与建设提供可资参照的示范。

郭线庐

2016 年 8 月

内容摘要

　　服饰从源起到各时代多样丰富的发展，绝不只是满足人们生活需要的物品，它既是人类为了生存而创造的物质条件，又是人们在社会活动中的重要精神表现。汉服是汉民族传统服饰（Chinese Hancos Fame），是随着汉民族的形成而形成、发展而发展的，是汉民族文明的象征及民族形象的代表之一。作为中华民族服饰组成部分之一的汉族服饰也在整个中华民族服饰史上占有不可或缺的重要地位。因此汉族服饰文化，不仅对认识汉族历史、了解中华文明有着其他学科无法替代的重要作用，而且在西方时尚全球一体化浪潮席卷下的当今社会，梳理和探究汉族服饰文化的根源及脉络，已成为我们理解并提升自身要义的借镜。整理和传承中华民族优秀的文化传统，更是我们实现并弘扬自身价值的根本。

　　随着历史的变迁与更替，汉族服饰的传承与发展被束之高阁，从而造成了现如今一些国人在特定场合将汉服作为"仪礼之服"服用时不同程度地存在形制概念模糊及款型使用错误的情况。因此，系统研究和梳理汉服，是为"仪礼之服"的归类、创建与推广提供合理的理论平台以及设计依据。

ABSTRACT

From the origin of clothing to its rich and varied development in various times, it is by no means just an implement to satisfy people's living needs. It's both the material condition created by human beings for survival and the important spiritual expression of people in social activities. Hanfu, namely the Chinese Hancos Fame, is formed with the formation of Han nationality and developed with the development of Han nationality. It is the symbol of Han nationality civilization and one of the representatives of national image. As one of the components of Chinese national clothing, Han clothing also plays an indispensable role in the whole history of Chinese national clothing. Therefore, the clothing culture of Han nationality is not just playing an irreplaceable role in understanding the history of Han nationality. In contemporary society, global integration of western fashion has swept across the whole world. So analyzing and exploring the source and evolution of Han nationality clothing culture have become a reference for us to understand and enhance our substance. Sorting out and inheriting the excellent cultural traditions of Chinese nation is the foundation for us to realize and promote our own values.

With the change and replacement of history, the inheritance and development of Han nationality clothing has been at a standstill, which has caused the vague notion of dressing system and the misuse of clothing styles to varying degrees while some Chinese people using Han clothes as "ceremonial clothes" on certain occasions nowadays. Therefore, studying and sorting out Hanfu systematically is to provide a reasonable theoretical platform and design basis for the classification, creation and promotion of "ceremonial clothes".

目　录

绪　论

服饰从起源到各时代丰富多样的发展，不只是满足人们的生活需要。它既是人类为了生存而创造的物质条件，又是人们在社会活动中的重要精神表现。作为物质文化，它和人们的生产方式、生活方式紧密联系，不同历史时期的服饰，反映着不同时代的生产水平和科学技术水平；作为精神文化，服饰又体现了不同时期、不同地区、不同民族、不同社会阶层的意识形态、精神面貌、生活情趣、审美观念和象征意念，它包含了经济、政治、科学、文化、哲学思想、民族关系和中外关系等诸多方面的内容。因此，服饰的发展反映的不是某一文化体系的发展，而是涵盖了人类社会历史发展的方方面面。

汉服是汉民族传统服饰（Chinese Hancos Fame），是随着汉民族的形成而形成、发展而发展的，是汉民族文明的象征及民族形象的代表之一。作为中华民族服饰组成部分之一的汉族服饰也在整个中华民族服饰史上占有不可或缺的重要地位。因此汉族服饰文化，不仅对认识汉族历史、了解中华文明有着其他学科无法替代的重要作用，而且在西方时尚全球一体化浪潮席卷下的当今社会，梳理和探究汉族服饰文化的根源及脉络，已成为我们理解并提升自身要义的借镜。整理和传承中华民族优秀的文化，更是我们实现并弘扬自身价值的根本。

一 汉服研究的目的与意义

无论古今，对社会以及个人而言，服饰始终是时代的重要话题之一，"它是穿在身上的文明，写在身上的历史，是文明进步的标志"[1]。

---

〔1〕王雪莉：《宋代服饰制度研究》，杭州出版社，2006年，第11页。

对于不同的民族而言，服饰既是代表其民族文化特性的标志，同时也是维系族群物质与精神的双重纽带。作为中华民族的重要组成部分——汉族，以其深厚的文化底蕴创造了无数灿烂的文明，汉族人民衣冠服饰发展延续的几千年，不仅反射出中华文明社会变化发展的方方面面，同时也记载了时代的风华流变与斗转星移的点点滴滴。因此，研究汉服的目的与意义概括有两方面的目的：

首先，以系统梳理和探究汉服的根源及脉络为切入点，全面弘扬中华民族传统文化与精神。

汉族，作为当今世界上人口最多，并有着五千多年文明历史的民族，是当今世界上少数几个文明未曾中断的古老民族之一。作为民族形象反映的汉服虽然随着汉族历史发展的脉络在不断更替、变化款型样式，但其平面剪裁、交领右衽、绳带系结、上衣下裳、宽袍大袖、衣缘镶边的基本服饰元素中所反映的那种中华人民博大兼容、宽厚仁爱、追求自然的民族精神却始终贯穿其中，不曾改变。到了近代，由于复杂的历史和国际的原因，以及"西学东渐"的文化渗透，使国人逐渐淡漠了几千年来中华民族传承的文化精髓，开始盲目"崇洋"。汉服的发展与延续也因此出现断裂，全盘西化的着装理念将昔日辉煌、瑰丽的服饰艺术束之高阁，汉服文化的文脉被割断，汉服艺术所反映出的民族精神也不断消失。当今，随着全球经济一体化的全面席卷，各国间政治、文化的不断渗透，一些西方国家更是凭借各自的优势大力推行他们的文化价值观，造成经济一体化就是文化一体化的格局，削弱民族文化的同时，也使其民族精神随之弱化。汉服文化不仅是中华民族传统文化的重要组成部分，而且纵观中国历史，汉服所达到的高度和特色无论从实用造型和美学艺术的角度去考量，都有着自己不可比拟的特色。汉服是世界服饰文化和艺术宝库中自成体系的庞大系统，其深厚的文化积淀及独有的艺术特色，在世界服饰之林占有极为重要的地位。如果长此以往不重视汉服文化研究，这将必然成为世界文化中一个不可挽回的损失。研究汉服文化，不仅仅是一个简单的有关服装方面的问题，而是通过梳理和探究汉服文化的根源及脉络，对认识汉族历史、了解中华文明起到其他学科所无法替代的重要作用。因此，抢救和研究汉服文化和艺术是摆在我们面前的重要任务之一。

其次，厘清汉服形制模糊概念为当今"仪礼之服"的发展提供有利依据。

世界上许多国家、民族的"仪礼之服"都有各自较为明确和规范的服饰形象，如：日本的和服，越南的长衫，印度的纱丽等。我国的其他民族如藏族的藏袍，傣族的傣裙等也极具其特色和风貌。在历史的长河中，汉民族的服饰发展源远流长，虽然一直秉承着兼容并处、融会贯通的精神，但汉族传统服饰的思想理念及艺术风格却一直有着自己独到的见解与特色。随着历史的更替与变迁，汉族服饰的传承与发展被束之高阁，从而造成了现如今一些国人在特定场合将汉服做为"仪礼之服"服用时不同程度地存在形制概念模糊及款型使用错误的情况。因此，系统研究和梳理汉服，是为"仪礼之服"的归类、创建与推广提供合理的理论平台以及设计依据。

二　相关学术研究概况 [1]

长期以来，有关汉服专项研究的国内外学者甚少涉猎，仅有的研究也主要集中在汉服原型简单概述以及当代如何工艺制作等方面，而针对汉服的系统性研究成果却屈指可数，特别是汉服、旗袍、"唐装"

---

〔1〕有关中国服饰研究的领域非常广阔，而本书按预设研究目的，将研究对象主要锁定于汉族服饰体系，其中又以贵族服装及相关佩饰等为重点。在讨论以上服饰的渊源与借鉴形制时，还要大量涉及非汉族与国外服饰形制及其文化影响等问题。另外，也会谈到当今社会服饰发展趋势问题，故相关学术阐述的内容亦与此大体对应。

等问题的厘清与研究几乎处于空白。汉服的研究应是科学地、全面地，仅仅以某一朝代的服饰特色来代表整个汉民族服饰是极为片面而不可取的。汉服的文化内涵不仅存在区域性差异，既有中华传统的文化特征，同时也具有少数民族文化的特性，并在长期的历史时期中，不断吸纳、相互融合。因而，将汉服文化综合的研究是必要的，同时也是符合客观事实存在的。

汉服是中国服饰史的一个篇章，由于国内外专家对于中国服饰文化进行了大量深入、细致地研究，因此有关汉服的研究内容大都集中在以下理论文献成果之中：

（一）中国古籍中有关汉服的记述与研究

中国古代史籍中不乏对汉服的记述与研究，就一般的论述与广度来说，多是对孔子、老子等诸子汉服观念的阐发。关于汉服制度及形制的记载，大都集中在各地方志书与中国古代史的《舆服制》中。由于这些典籍正史由官方专人编修，所以对历朝历代的汉服演变、形制特点都记载翔实，是研究中国古代汉服很有价值的史料。而以记载汉服制度、汉服礼俗为主的史籍，主要集中在历代典制文献中，如唐杜佑所撰写的《通典》[1]，对君臣冠冕巾帻制度、君臣服章制度、后妃命妇首饰制度以及后妃命妇服章制度都有详细记载。此外，还有大量的小说笔记也涉及相关方面的内容，对研究汉服提供了依据。综上所述，对相关文献资料按类型归纳大致如下：

《周礼》[2]，战国，作者不详。汉初称《周官》，东汉刘歆改称《周

---

〔1〕〔唐〕杜佑：《通典》卷六十一《君臣服章制度》、卷六十三《天子诸侯玉佩剑绶玺印》，卷一百七《开元礼纂类二，序列中》，卷一百八《开元礼纂类三·序列下》，中华书局，1984年。记载大量唐代天宝末之前制度服饰的形制，实用规定等事，史料价值很高。

〔2〕〔汉〕郑玄注、〔唐〕贾公彦疏本，《周礼》，通行为《十三经注疏》。

礼》。全书分天官、地官、春官、夏官、秋官、冬官六篇，记载了百官执掌的工作内容。其中与宫廷服饰生产和管理有关的官员，如《天官》中的司裘、掌皮、典丝、内司服、缝人、染人、履人等，通过其职责，可以了解当时的汉服冠制，社会风俗和礼法制度。

《仪礼》[1]，传春秋时期孔子采辑周、鲁各国礼仪，并加以整理记录，共十七篇，原称《礼》晋代始称《仪礼》。主要记载冠礼（成年礼）、昏礼（婚礼）、丧礼、朝礼、祭礼等传统礼仪的内容和程式，为研究礼仪中的汉服冠制提供了翔实资料。

《礼记》[2]，传西汉戴圣编，又称《小戴礼记》，全书四十九篇，是古代各种有关礼仪的文章合编，多取材于周秦古书，应出于不同时期多人之手。其中记有服饰的有《王制》[3]《内则》《曲礼》《坊记》《玉藻》《哀公问》《丧服小记》《服问》《间传》《深衣》[4]等篇。其中《玉藻》和《深衣》两篇，则较完整系统地阐述了先秦时深衣制度、幅制、衣用等级的情况。《礼记》可以和《仪礼》有关篇目相印证，是研究古代汉服风俗与制度的重要参考资料。

《大戴礼记》[5]，西汉戴德编，性质同于《礼记》，为先秦儒家治

---

〔1〕〔汉〕郑玄注、〔唐〕贾公彦疏本：《仪礼》，汉代被奉为儒家"经典"，对后世产生了很大影响。通行为《十三经注疏》。

〔2〕〔汉〕郑玄注、〔唐〕贾公彦疏本：《礼记》，通行为《十三经注疏》。

〔3〕《王制》："东方曰夷，被发文身"。"南方曰蛮，雕题交趾。""西方曰戎，被发衣皮"。"北方曰狄，衣羽毛穴居"等。《礼记正义》卷八十五，十三经注疏本，中华书局，1980年。

〔4〕《礼记·深衣》郑玄注谓："名曰深衣者，谓连衣裳而纯之以采也"。孔颖达正义："所以谓深衣，以余服则上衣下裳不相连，此深衣衣裳相连，被体深邃，故谓深衣。"《礼记正义》卷五十八，十三经注疏本，中华书局，1980年。

〔5〕《大戴礼记》保傅第四十八："下车必佩玉为度，上有双衡，下有双璜、冲牙，秕珠以纳其间，琚璃以杂之。"五帝德第六十二："黄帝黼黻衣、大带、黼裳，乘龙扆云，以顺天地之纪。"子张问入官第六十五："古者冕而前旒所以蔽明也；统絖塞耳，所以弇聪也"。〔清〕王聘珍：《大戴礼记解诂》，中华书局，1983年。

礼所辑和补充经文的有关资料经长期传习逐渐定型而成。其中对有
关汉服的内容做出了详细记述。

《周易》[1]，作者不详，人曰传伏羲作八卦，文王作辞，对中国文
化有着极为深广的影响，决定了中国服饰文化的独特格局，确定了
中国服饰文化的基本坐标方位，规定了汉服文化的历史发展走向。

《尚书》[2]，作者不详，又称《书经》，商周战国间长期汇采而成，
在此文献中，初次出现了哀冕十二章纹样以及五彩五色等言辞，为
研究汉服的五色问题提供了资料。

《论语》，记录了孔子弟子及其后关于孔子言行思想的记录，共
二十篇，是儒家把服饰引申为礼文化这一观点体现的经典论著。

《吕氏春秋》[3]，又名《吕览》，分十二纪、八览、六论，保存了
许多先秦旧说及古代史料，并记载了与汉服有关的色彩观念。

《春秋繁露》，西汉董仲舒撰，十七卷，八十二篇。卷七服制第
二十六及卷八度制，涉及了许多汉服制度与等级的问题，并做出了
严格规定。

---

〔1〕《周易集解》引《九家易》曰："黄帝以上，羽皮革木，以御寒暑，至乎
黄帝始制衣裳，垂示天下。"《周易、系辞下》曰："黄帝尧舜垂衣裳而天下治，
盖取诸乾坤。"这两段话论述了服饰之制始于黄帝时期，而源于《周易》，同时告
知我们在古代社会中服饰已具有了重要的政治功能。徐光锐著：《周易大传新注》，
齐鲁书社，1988 年。

〔2〕《尚书·益稷第五》："予欲观古人之象，日、月、星辰、山、龙、华虫作会，
宗力宗彝、藻、火、粉米、黼、黻，绨绣以五彩，彰施于五色，作服。"孙星衍著：
《尚书今古文疏证》，中华书局，1981 年。

〔3〕《吕氏春秋》："黄帝之时——土气胜，故其色尚黄，其事则土。及禹之
时——木气胜，故其色尚青，其事则木。及汤之时——金气胜，故其色尚白，其事则
金。及文王时——火气胜，故其色尚赤，其事则火。代火者必将水——水气胜，故其
色尚黑，其事则水。"陈奇猷著：《吕氏春秋校释》，中华书局，1984 年。

1. 词书、训诂

在词书、训诂的古代文献中以东汉刘熙撰《释名》[1]，东汉许慎撰《说文解字》[2]，西汉史游撰、唐颜师古注、宋王应麟补注《急就篇》[3]，西晋崔豹撰《古今注》、后唐马缟撰《中华古今注》[4] 等最具代表性。文献类似于今天的字典、词典，收录了大量有关服装、饰物、色彩、形制等方面的若干具体内容，并针对这些问题进行了比较详尽的记录与分析，故史料价值较高。

2. 舆服制

舆服制是历代执政者制定的车舆服饰等级制度的记录，通常以政令的形式加以公布并严格执行。这种车舆及服饰制度被收入正史，便称为"舆服制"或"车服制"，有的则称为"礼仪制""仪卫志"或"衣服令"[5]。舆服制多侧重于上层统治者的服饰制度，对下层社

〔1〕〔东汉〕刘熙撰：《释名》八卷，别称《逸雅》，所收词条按二十种义类分别解释。如卷二彩帛、首饰；卷三衣服；卷四丧服，保存了当时服饰名物制度的大量史料。商务印书馆丛书集成本，1939年。

〔2〕〔东汉〕许慎撰、〔清〕段玉裁注：《说文解字》，收录了许多与服饰有关的文字，如衣部、系部、裳部、巾部等，是整理古代服饰不可缺少的工具书籍。上海古籍出版社，1981年版。

〔3〕〔西汉〕史游撰、〔唐〕颜师古注、〔宋〕王应麟补注：《急就篇》，又名《急就章》。其中收录有关服饰的汉字二百多个、服饰名词百余条。商务印书馆辑《丛书集成初编》，1983年。

〔4〕《中华古今注》乃是五代后唐太学博士马缟所撰，其对前代，尤其是唐代一些具体服饰形制记载较详，如："冕服""狸头白首""履舄""背子""宫人披袄子""绯绫袍"等，故史料价值较高。影印文渊阁《四库全书》850册，上海古籍出版社，1987年。

〔5〕李之檀编：《中国服饰文化参考文献目录》，中国纺织出版社，2001年，第232页。

会现实生活服饰记载很少。如《后汉书》[1]《晋书》[2]《宋书》[3]《隋书》[4]《旧唐书》[5]《新唐书》[6]《宋史》[7]《明史》[8]等史籍所涉及的服饰问题均在历代《舆服制》中做出详尽记载，这对研究历代皇帝、皇后、诸王、百官等上层统治者的服饰制度有很大帮助。

3. 会要、会典

会要与会典是专门辑录各朝代典章制度的沿袭变革的书籍。"会典"比"会要"内容更加广泛，源于唐开元间官修《唐六典》[9]，"舆服"常作为一个门类编入其中。如：《西汉会要》[10]《东汉会要》[11]《唐

〔1〕〔宋〕范晔撰、〔唐〕李贤等著：《后汉书》，志第二十九舆服上，第三十舆服下，中华书局，1965年，第3639—3684页。

〔2〕〔唐〕房玄龄等撰：《晋书》，卷二十五志第十五舆服，中华书局，1974年，第三册第751—778页。

〔3〕〔梁〕沈约撰：《宋书》，卷十八志第八礼五，中华书局，1974年，第二册第493—531页。

〔4〕〔唐〕魏征、令狐德棻撰：《隋书》，卷十一志第六礼仪六，卷十二志第七礼仪七，中华书局，1973年，第一册第215—284页。

〔5〕〔后晋〕刘昫撰：《旧唐书》，卷四十五志二十五舆服，中华书局，1975年，第六册第1929—1960页。

〔6〕《新唐书》，卷二十四志十四车服，中华书局，1975年，第二册第511—532页。

〔7〕〔宋〕欧阳修、宋祁撰：《宋史》，〔元〕脱脱等撰：卷一百四十九志一百二舆服一至六，中华书局，1977年，第十一册第3477—3602页。

〔8〕〔清〕张廷玉等撰：《明史》，卷六十五志四十一舆服一至四，中华书局，1974年，第六册第1597—1673页。

〔9〕〔唐〕李隆基撰、李林甫注：《唐六典》，以唐玄宗李隆基理、教、礼、政、刑、事"六典"为书名，分述各级政治机构、设官考职、典章格律等。中华书局，1977年。

〔10〕〔宋〕徐天麟撰：《西汉会要》，七十卷，卷二十三舆服上、卷二十四舆服下，详载衣冠出游、祭服、冠礼、服制等内容，中华书局，1977年。

〔11〕〔宋〕徐天麟撰：《东汉会要》，四十卷，取材以《后汉书》为主，兼采《续汉书》《后汉书》《通典》《汉宫仪》、《汉杂事》《汉旧仪》等。分十五门，舆服门见卷九舆服上、卷十舆服下。影印文渊阁《四库全书》312册，台北，商务印书馆，1983年。

会要》⁽¹⁾《唐六典》《通典》⁽²⁾等,是记述一代政治、经济、文化、服饰较系统的典籍文本。

4. 类书、笔记小说

《事物纪原》⁽³⁾《太平御览》⁽⁴⁾《三才图会》⁽⁵⁾等类书中,将有关服饰形制、礼制以及相关专职机构等历史文献中的各种资料,整理汇编,内容丰富、描述清晰。笔记小说作者将所见、所闻、所知等短文的汇编。由于大多是作者的亲身经历,故比较可信,如:《西京杂记》⁽⁶⁾《汉官旧仪》⁽⁷⁾《近事会元》⁽⁸⁾

---

〔1〕〔宋〕王溥撰:《唐会要》,一百卷。取材于〔唐〕苏冕《会要》及崔铉《续会要》,补其宣宗以后事。分五百十四目。卷三十一舆服下、卷三十二舆服下,详述唐代裘冕、章服品策、内外官章服、巾子、鱼带等典章礼制。中华书局,1990年。

〔2〕〔唐〕杜佑撰:《通典》,二百卷,典章制度通史,分八门,记载了大量唐代天宝末之前服饰的形制、使用规定等内容,史料价值很高。中华书局,1984年。

〔3〕〔宋〕高承辑编:《事物纪元》,(又名"事物纪原集类"),十卷。分五十五部一千七百六十四事。书除介绍服饰名物如:冠冕首饰、衣裘带服、品位服色等,还记有相关的专职机构,如:朝服库、绫锦院、布库等。影印文渊阁《四库全书》,台北:商务印书馆,1989年。

〔4〕〔宋〕李昉等辑:《太平御览》。宋太祖太平兴国年间敕撰。一千卷,分五十五部,四千五百五十八目。与服饰有关的如"礼仪部"的婚礼、丧礼服饰礼制;"服章部"的冠、冕、弁、帽、大带、燕支、花胜等。影印文渊阁《四库全书》,台北:商务印书馆,1989年版。

〔5〕〔明〕王圻、王思义编:《三才图会》(又名《三才图说》),一百〇六卷,分十四类。衣服图会三卷,记述了上古至明代服饰,展示明代服饰典章和礼制,图文并茂,说明性强。上海古籍出版社影印万历本,1988年。

〔6〕〔西汉〕刘歆撰、〔东晋〕葛洪辑抄:《西京杂记》。书中记女弟送赵飞燕礼物有:"金华紫纶帽,金华紫纶面衣、五色文绶……"等物品以及有关的逸闻趣事。中华书局,1990年。

〔7〕〔汉〕卫宏撰:《汉官旧仪》(又称《汉旧仪》),二卷,补遗二卷。书中在叙述西汉官制时,涉及诸如高山冠、法冠、两梁冠等西汉时的服饰名物,为研究汉代冠制提供宝贵资料。中华书局,1990年。

〔8〕〔宋〕李上交撰:《近事会元》,五卷,记录了唐武德至后周显德间(618—954)杂事,如:帝王服赤黄袍衫幞头、帽子、公服、龟袋等,对研究唐代服饰有很大参考价值。影印文渊阁《四库全书》,台北:商务印书馆,1983年。

等其中有不少宝贵的汉服史料为我们弥补正史的不足之处。

此外，还有许多如《深衣考》[1]《古经服纬》[2]等汉服制度专述及《考工记》[3]等蚕桑织绣专述的古代文献。这些专著都为我们提供了大量汉服饰物及服质材料方面的资料文献。

（二）近现代关于汉服文化的研究概况

中国近代，对于汉服与文化研究真正展开时间是在 20 世纪初期。各种介绍、研究服装、服饰的书籍骤然增加，有关中国服饰的研究著述也相继出版问世，但针对汉服系统专门研究的资料与专著却很缺少，只能在中国整体的服饰文化文献资料中对汉服进行梳理。下面就按照年代顺序，分期对与本课题研究内容相关的中国服饰研究成果给予简略回顾，从中抽丝剥茧，梳理汉服的研究发展状况。

1. 20 世纪初至 60 年代

在这个时期中虽然没有产生什么意义重大的服饰文化研究成果，但一些零星的相关研究及国学大师与外国学者对此问题的关注，为以后该领域学术研究的发展打下了坚实的基础，故可视之为汉服文

〔1〕〔清〕黄宗羲撰：《深衣考》，四库全书经部礼类。逐句诠释《礼记·深衣》中有关深衣的形制，兼及诸家对深衣认识的探讨。影印文渊阁《四库全书》，台北：商务印书馆，1984 年。

〔2〕〔清〕雷鐏述、〔清〕雷学洪释：《古经服纬》，作者认为古代服制可以别尊卑、严内外、辨亲疏。服饰制度多见于古经，然汉唐以来注疏家言服多误、人各异词，故统诸经缕析而条贯之，因此称《古经服纬》。文章从黄帝制布帛、辨冠履以化天下论起，对中国古代的冕服制度作了全面论述。释文引经据典、缕析条贯，加以详述考订。中华书局，1992 年。

〔3〕《考工记》，是春秋末齐国人记录手工技术的官书，西汉河间献王刘德因《周官》缺冬官篇，将此书补入。刘歆时改《周官》名为《周礼》，故亦称《周礼·考工记》。主要论述有关百工之事，对中国古代练丝、练帛、染色、刺绣工艺等做了较详细的记述。中华书局，1989 年。

化研究的发展与准备期，这期间具有代表性的文献研究大体如下：

1923 年，王国维撰《胡服考》⁽¹⁾，该文虽是对胡服进行的系统研究，但这其中也包含可对唐代"袴褶"及其佩饰的渊源、发展等方面问题的考证，被视为现代意义之中国古代服饰研究的开山之作。

1927 年，逸霄泽撰《服饰研究》⁽²⁾，该文就中国古代服制问题做出了理论分析，是近代系统研究古代服装形制较早的资料。

1933 年，陈东原著《中国妇女生活史》⁽³⁾，对中国古代妇女的服饰有非常丰富、详细的描述，为后人研究中国历代妇女服饰提供了有价值的文献资料。

1941 年，傅芸子著《正仓院考古记》⁽⁴⁾，东京文求堂出版，插图25 种，附录图版 28 种，对藏于日本正仓院的中国服饰佩物与器物上之汉人装束有详细记录，具有较高参考价值。

1945 年，杨萌深编著《衣冠服饰》⁽⁵⁾，是一本较早的系统研究服饰的专题论述。按袍、裘、衫、巾、料、脂粉等二十门类，分别从历史起源、古文献记载、演进情况及有关典故，一一叙述，并附"历代服制辑略"，以示历代各色人等服制之大略，对今人研究很有启发。

1948 年，李劼人编著《漫谈中国人之衣食住行》⁽⁶⁾，该文中有关服装、衣饰方面的内容引经据典、考证精辟，但由于是期刊连载，此文的影响面并不是很广泛。

1960 年，苏联学者 A.N.AПbbayM 著 aΠblk-Tene（吴玉贵译本《唐

---

〔1〕王国维：《观堂集林》，卷十八《胡服考》，乌程蒋氏密韵楼印，1923 年。

〔2〕逸雷泽：《服饰研究》，（刊）《国闻周报》3 卷 21 期。

〔3〕陈东原：《中国妇女生活史》，上海文化出版社再版印册，2000 年。

〔4〕《正仓院考古记》《白川集》合并出版，辽宁教育出版社，2000 年。但原书图例没有刊登，削弱了原著的很大价值。

〔5〕杨萌深：《衣冠服饰》，上海书店据世界书局版影印《事物学故丛谈》。

〔6〕李劼人：《漫谈中国人之衣食住行》，《风土杂志》2 卷 3—6 期，1948 年9 月—1949 年 7 月。

代的外来文明》，中国社会科学出版社，1955 年版），书中在"毛皮羽毛""纺织品""世俗器物"等章中，对中国外来服饰、织物、铠甲等进行了广泛的研究与汇总，有很高的史料参考与索引价值。

1966 年，王宇清著《冕服服章之研究》[1] 书中全面汇集了古代冕服服章的形制、色彩、是研究古代冕服制度的有利材料。

2.20 世纪 70-80 年代

从这个时期开始中国服饰研究进入到了一个高速发展的阶段，国内的服饰文化研究取得了极大的成就，通史类论著与实态性研究大量出现，纺织、染织等服饰美术基础研究也取得了一定进展。有关学术发展情况简述如下：

1970 年，日本学者原田淑人著《唐代の服饰》，该书是第一部唐代服饰研究的专著，代表了当时相关研究的最高水平。书中着重考古图像的分析与利用，在同类研究中具有独到的开创性。

1977 年，王关仕著《仪礼服饰考辨》[2]，该书是研究我国周代仪礼服饰的专著。全书共六章，从服饰之由来、服名之所因、服章之色饰到辨古书中言服饰之疑义等方面的内容详尽记述，同时书末则附仪礼服饰图五种，清晰明确分析服饰形制，为研究周代仪礼服饰提供了珍贵资料。

1981 年，沈从文编著《中国古代服饰研究》[3]，全书共 479 页，约 25 万字，主图 200 幅，插图 151 幅，是新中国成立以来第一部中国古代服饰研究专著。该书立足于图像考察，结合正史与笔记小说等文字资料，对服饰形制渊源考证清晰，观点推设谨慎，为后人的研究打下了坚实基础，成为我国古代服饰研究的奠基之作与里程碑。

---

〔1〕王宇清：《冕服服章之研究》，台湾"中华丛书"编纂会，1966 年。
〔2〕王关仕：《礼仪服饰考辨》（文史哲学集成），台北：文史哲出版社，1977 年。
〔3〕沈从文：《中国古代服饰研究》，香港商务印书馆，1981 年。

　　1984 年，周锡保编著《中国古代服饰史》[1]，以时代为序，上起商周，下迄民国，系统地阐述中国服饰的形成以及服饰特色、服饰制度和演变发展，具有服饰通史性质。该书每一章皆以文献和图例分述男女的官定服饰和日常服饰，并附述历代礼仪习俗，对于研究中国历代服饰制度的演变及其风俗民情具有较高的参考价值。1984 年，周汛、高春明编著《中国历代服饰》[2]，全书分上古到近代九个篇章，系统介绍了中国五千年服饰演变的历史。图片数百幅，复原服饰图片百余幅，为了解中国历代服饰、形制、色彩及纹样提供了丰富资料。1984 年，周汛、高春明编著《中国服饰五千年》[3]，是《中国历代服饰》的浓缩本，全书结合大量服饰实物及有关文物，对中国五千年服饰演变作了综述性介绍。书末关于古代服饰部位名称图释、历代服饰沿革表、服装展示图尺寸表的内容，为后人的研究提供有价值的资料。1984 年，〔日〕峰屋邦夫编著《仪礼士冠疏》[4]、王宇清勘定《中华服饰图录》[5]、王榕生著《中国服饰》[6]《中国历代服饰大观》[7]、〔韩〕成耆姬著《中国历代君王服饰研究》等都是对中国服饰做出了一般性的研究介绍。

　　1986 年，吴淑生、田自秉著《中国染织史》[8]，书中涉及历代纺织品生产技术的论述，对全面了解中国纺织服饰发展情况有所裨益。

---

〔1〕周锡保：《中国古代服饰史》，中国戏剧出版社，1984 年。

〔2〕周汛、高春明撰文；上海市戏曲学校中国服饰史研究组编著，《中国历代服饰》，学林出版社，1984 年。

〔3〕周汛、高春明撰文；上海市戏曲学校中国服装史研究组编著，《中国服饰五千年》，商务印书馆香港分馆、学林出版社合作出版，1984 年。

〔4〕〔日〕峰屋邦夫：《礼仪士冠疏》，东京大学东洋文化研究所，1984 年。

〔5〕王宇清：《中华服饰图录》（世界地理丛书），台北：世界地理出版社，1984。

〔6〕王榕生：《中国服饰》，台北淑馨出版社，1984 年。

〔7〕王榕生：《中国历代服饰大观》，台北海风出版社，1984 年。

〔8〕吴淑生、田自秉：《中国染织史》，上海人民出版社，1986 年。

1986 年，吴哲夫总编、陈夏生主编《中华五千年文物集刊——服饰篇》[1]（上、下），其中对中国服饰形制、色彩、图案进行了整理、复原，有一定审美与参考价值。1986 年，〔英〕威尔逊和托马斯《中国人的衣服》[2]，全书通过与外国服饰的对比，研究讨论和分析中国人的衣冠形制。

1988 年，〔日〕原田淑人著，常任侠等译《中国服装史研究》，包括汉、六朝的服饰、唐代服饰、西域绘画所见服装的研究等内容，通俗易懂，一目了然。1988 年，周汛、高春明著《中国历代妇女妆饰》[3]，全书分冠饰，发饰、服饰、足饰等十篇三十个专题，全面揭示了中国历代妇女从头到脚、由外及内所穿戴的各种服饰与饰物，对研究中国历代妆饰方面的问题具有很大价值。1988 年，〔韩〕任明美著《中国の古代服饰研究》，对中国汉至清朝民俗礼服形成、变迁，以及东北亚民族服饰均罗列分析，内容通俗简洁。

1989 年，华梅著《中国服装史》[4]，范纯荣编著《中国古代服饰发展简史》[5]，许南亭、曾晓明编著《中国服饰史话》[6]均分别就中国古代传统服饰文化方面的问题做出了自己独到的研究分析，极具参考价值。

3. 1990 年至今

这个时期，中国古代服饰研究在前人的理论成果与深化探究中进一步得到了发展，针对以往的研究方法与方向，又产生出了更新

---

〔1〕吴哲夫总编、陈夏生主编：《中华五千年文物集刊——服饰篇》（上、下），秦孝仪发行，中华五千年文物集刊编校委员会，1986 年。

〔2〕〔英〕威尔逊、〔英〕托马斯：《中国人的衣服》，1986 年。

〔3〕周汛、高春明：《中国历代妇女妆饰》，学林出版社，香港三联书店有限公司，1988 年。

〔4〕华梅：《中国服装史》，天津人民美术出版社，1989 年。

〔5〕范纯荣：《中国古代服饰发展简史》，吉林大学出版社，1989 年。

〔6〕许南亭、曾晓明：《中国服饰史话》，中国轻工业出版社，1989 年。

的研究手段与内容。同时，对于各民族之间的融合以及对外文化影响层面的问题逐步得到关注。有关学术研究概况如下：

1990年，周汛、高春明著《中国服饰风俗》[1]，更进一步对中国古代服饰做出了全面的分析，具有一定价值。1990年，〔俄罗斯〕多布赞斯基著《亚洲游牧人的服饰牌腰带》，该书对中亚、北亚古代游牧民族的腰饰腰带进行了全面、系统地研究，为我们了解中国古代腰饰与以上地区游牧民族腰饰形制间的关系提供了很好的材料。1990年，赵超著《华夏衣冠五千年》[2]，对中国服制及服色进行了较为详细研究。

1991年，王维堤著《衣冠古国——中国服饰文化》[3]，戴钦祥等编著《中国古代服饰》[4]、江冰著《中华服饰文化》[5]、李世容编《古今中外服装珍闻趣话》[6]，以及蓝翔等编著《华夏民俗博览》(衣食篇)[7]，齐涛著《中国民俗史论》(衣饰与社会风气篇)[8]，胡世庆等编著《中国文化史》(服饰篇)[9]，以不同的角度来论述中国服饰文化，比以往的学术研究方向更为广泛。

〔1〕周汛、高春明：《中国服饰风俗》，陕西人民出版社，1990年。

〔2〕赵超：《华夏衣冠五千年》(文明的探索丛书)，中华书局(香港)有限公司，1990年。

〔3〕王维堤：《衣冠古国——中国服饰文化》(古代生活丛书第1辑)，上海古籍出版社，1991年。

〔4〕戴钦祥、陆钦、李亚麟合著：《中国古代服饰》(中国文化史知识丛书)，中共中央党校出版社，1991年。

〔5〕江冰：《中华服饰文化》，广东人民出版社，1991年。

〔6〕李世容：《古今中外服装珍闻趣话》，纺织工业出版社，1991年。

〔7〕蓝翔等编：《华夏民俗博览·衣食篇》，陕西人民教育出版社，1991年。

〔8〕齐涛：《中国民俗史论》，衣饰与社会风气：冠履衣裳、中国服饰民俗发展的特点，126—136页，河南大学出版社，1991年。

〔9〕胡世庆、张品兴：《中国文化史·服饰》，中国广播电视出版社，上册261—268页，1991年。

1993 年，孙机著《中国古舆服论丛》[1]，其中《深衣与楚服》《说"金紫"》《从幞头到头巾》等文有关服饰形制及渊源沿革的论述，解决了许多悬而未决的历史问题。该书被誉为 20 世纪 90 年代最具代表性的、研究水平最高的一部关于中国古代服饰历史的专著。

1994 年，沈从文著《花花朵朵坛坛罐罐——沈从文文物与艺术研究文集》[2]，其中对古人的穿衣打扮，宋元时装、花边，江陵楚墓出土的丝织品等内容有较系统地研究与分析，有参考与引用价值。1994 年，黄士龙编写《中国服饰史略》[3]，阚道隆主编《中国文化精要》（服饰篇）[4]，袁杰英编著《中国历代服饰史》[5]，针对中国服饰有关款式、色彩、发式、装容等均做了较为细致全面的介绍。1994 年，冯坤娣编《穿着经——衣风情小品集》[6] 书中收录了如岂明《穷裤》、张爱玲《更衣记》、陆德建《帽子絮语》等十多篇有关服饰的散文小品，内容风趣、新颖。

1995 年，刘永华著《中国古代军戎服饰》[7]，对中国古代军戎服饰的考古图像搜集全面，并对其中许多文物进行了准确、细致地摹绘，是一部颇具观赏性与参考价值的专著。1995 年，华梅著《人类服饰文化学》[8]，该书从社会学、生理学、心理学、民俗学、美学等多学科角度，把以往相对分离的状况集中归拢到一个文化框架内来研究

〔1〕孙机：《中国古舆服论丛》，文物出版社，1993 年。

〔2〕沈从文：《花花朵朵坛坛罐罐——沈从文文物与艺术研究文集》，外文出版社，1994 年。

〔3〕黄士龙：《中国服饰史略》，上海文化出版社，1994 年。

〔4〕阚道隆：《中国文化精要》，中国青年出版社，1994 年。服饰：衣冠之部、官服与民服、唐装与和装、粉黛与古代妇女等，503—509 页。

〔5〕袁杰英：《中国历代服饰史》（服装涉及专业条例教材），高等教育出版社，1994 年。

〔6〕冯坤娣：《穿着经——衣风情小品集》，台北业强出版社，1994 年。

〔7〕刘永华：《中国古代军戎服饰》，上海古籍出版社，1995 年。

〔8〕华梅：《人类服饰文化学》，天津人民出版社，1995 年。

中国服饰。1995年，段文杰著《敦煌壁画中的衣冠服饰》[1]，该书通过研究敦煌壁画中人物的服装、饰物，对中国整体衣冠服饰加以评说和理论分析，观点新颖、独特。

1996年，曾慧洁编著《中外历代服饰图集》，以图文并茂的方式，清晰、明确地将中外服饰进行分析、对比，具有一定的参考价值。1996年，孔德明著《中国古代服饰、用具、职官》[2]，对中国男子服制有一定深度的研究。

1996年，周汛等编著《中国衣冠服饰大辞典》[3]出版，这是我国第一部古代服饰研究的工具书，为相关研究提供了方便。1996年，龚书铎总编《中国社会通史》[4]，其中八卷涉及：先秦、魏晋南北朝、隋唐、清、民国等朝代的服饰形制，内容详尽、丰富，有一定学术水平。

1997年，沈从文增订的《中国古代服饰研究（增订本）》[5]，是在1991年出版的《中国古代服饰研究》基础上增入了近年有关中国服饰最新出土资料的内容，主要以战国及之前的服饰资料填充，增加了原有知识的丰富性。

1998年，黄能馥、陈娟娟编著《中国服饰史》[6]，该书记叙层次清晰，结构完整，图文并茂，是一本比较好的服饰史研究书籍。1998年，

〔1〕段文杰：《敦煌壁画中的衣冠服饰》，甘肃人民出版社，1995年。

〔2〕孙德明：《中国古代服饰、用具、职官》，北京广播学院出版社，1996年。

〔3〕周汛等：《中国衣冠服饰大辞典》，重庆出版社，1996年。

〔4〕龚书铎：《中国社会通史》，山西教育出版社，1996年，《先秦卷》衣服与服饰：127—135页，《魏晋南北朝卷》衣服与佩饰：272—285页，《隋唐五代卷》服饰：304—313页，《宋元卷》宋服饰：320—325页，《明代卷》衣服：320—328页，《清前期卷》服饰：278—281页，《清晚期卷》变化中的男女服饰：347—352页，《民国卷》服饰：348—350页。

〔5〕沈从文：《中国古代服饰研究（增订本）》，上海书店出版社，1997年。

〔6〕黄能馥、陈娟娟：《中国服饰史》，上海人民出版社，1998年。

郭廉夫、诸葛铠等主编《中国纹样辞典》[1]，全面翔实地记述了中国历代纹样的来源、内涵、形制等，为深入细致地研究服饰起到了一定价值。

1999 年，黄能馥、陈娟娟编著《中国历代服饰艺术》[2]，作者根据考古学、文化人类学的研究成果和服装学的一般原理以及作者掌握的丰富出土及传世文物和图像资料，结合古代文献，按历史年代和服饰品类，对中国历代服饰的艺术发展进行了整理、研究。除服装款式外，书中对织染绣、装饰纹样及各种装饰品也有充分地论述，充分体现了中国传统服饰艺术的辉煌灿烂，具有很高的学术价值。1999 年，孙世圃编《中国服装史教程》[3]，该书是针对高等院校在校学生编著的一本教材性质的专著，深入浅出地介绍了中国服饰的发展演变过程。

2000 年，徐海荣主编《中国服饰大典》[4]，内容涉及广泛，从汉族服饰、少数民族服饰、戏剧服饰、现代服饰工业等方面内容叙述中国服饰各层面、方向的问题，对研究中国服饰文化有很大贡献。2000 年，缪良云主编《中国衣经》[5]，该书分为：历史篇、类别篇、材料篇、设计篇、制作篇、着装篇、民族篇、文化篇等 8 个篇章，系统详实地将中国服饰内容加以阐述。

---

〔1〕郭廉夫、诸葛铠：《中国纹样辞典》，天津教育出版社，1998 年。

〔2〕黄能馥、陈娟娟：《中国历代服饰艺术》，中国旅游出版社，1999 年。

〔3〕孙世圃：《中国服装史教程》，中国纺织出版社，1999 年。

〔4〕徐海荣：《中国服饰大典》，华夏出版社，2000 年，汉族服饰：1—61 页，少数民族服饰：62—266 页，戏剧服饰：267—385 页，军警制工服饰：386—415 页，现代服饰工业：416—605 页。

〔5〕缪良云等：《中国衣经》，上海文化出版社，2000 年。别篇：107—223 页，材料篇：225—284 页，设计篇：285—347 页，制作篇：349—423 页，着装篇：425—474 页，民族篇：475—603 篇，文化篇：605—733 篇。

2001年，李之檀编《中国服饰文化参考文献目录》[1]出版，以反映民族特征的服饰为主题，涉及综合论述、专题研究、理论分析等方面内容，共收录文献2563条，从古到今分类排列，为查找、搜索服饰文献资料提供了方便。

2002年，赵丰主编《纺织品考古新发现》[2]，书中织锦图片清晰，具有较高的史料与引用价值。

2003年，孙机著《中国古舆服论丛》（增订本）[3]，该书在原出版物的基础上增加了数篇新文，并根据近些年的考古新发现、新研究成果对原先内容进行了改进。

2004年，华梅著《服饰民俗学》[4]，以民间生活为研究基础，深入探索服饰与民俗文化的渊源关系，建立独特完整的服饰民俗学体系。

2005年，邓启耀著《衣装密语——中国民族文化服饰象征》[5]，该书通过服饰中所蕴含的象征意义，将汉族与少数民族服饰进行类比分析，是研究中国服饰内涵的一本优秀图书。2005年，赵丰著《中国丝绸艺术史》，此书是国内第一部全面、系统阐述中国古代丝绸艺术史、技术史的专著，具有较高参考价值。

2007年，黄强著《中国服饰画史》[6]，通过对中国历代服饰形制、渊源、纹样等篇章，全面对中国服饰史作了一次阶段性总结，特别是关于服饰色彩制度演进历程的表述精辟、翔实，是近些年来在此研究领域较为优秀的著作。2007年，诸葛铠等著《文明的轮回——

〔1〕李之檀：《中国服饰文化参考文献目录》，中国纺织出版社，2001年。

〔2〕赵丰：《纺织品考古新发现》，艺纱堂/服饰工作队（香港），2002年。

〔3〕孙机：《中国古舆服论丛》（增订本），文物出版社，2003年。

〔4〕华梅：《服饰民俗学》，中国纺织出版社，2004年。

〔5〕邓启耀：《衣装密语——中国民族服饰文化象征》，四川人民出版社，2005年。

〔6〕黄强：《中国服饰画史》，百花文艺出版社，2007年。

中国服饰文化的历程》[1]，系统研究了中国古代服饰发展的全面情况，论述角度新颖、细腻，对中国服饰文化做出了深入分析与研究。2007年，〔韩〕崔圭顺著《中国历代帝王冕服研究》[2]，该书从冕服的起源与形成谈起，一直到民国三年冕服废止，针对各时期冕服形制、文化意蕴，结合韩国保存图像、文献资料，全面深入研究帝王冕服的服饰文化，并有一定新意。

2008年，彭德著《中华五色》[3]，该书将散布在中国古籍与文物中的中华五色知识系统归纳、总结，结合自己的观点对古代服饰用色及美容化妆用色加以分析和研究，是一部跨学科研究服饰文化的理论书籍，具有很高的学术与索引价值。2008年，蒋玉秋等编著《汉服》[4]，围绕当今社会汉服热的现象对汉族服饰加以分析和评述。

通过以上梳理可以看出：从古至今，对于中国服饰文化研究的成果非常丰硕，根据这些研究，对于把握中国服饰发展变化及文化内涵在总体的脉络上有了坚实的理论基础。但同时也可以看到，专门针对汉服文化，尤其是有关"仪礼服饰"与汉服问题的系统研究几乎处于空白，这就造成了该领域研究的失衡状态。就仅有的汉服研究成果来看，也存在很明显的局限性与片面性。针对存在的不足，笔者认为目前在汉服研究领域，研究者自身的哲学、史学和艺术学修养，运用传统研究方法与现代科技手段，从基本的史实到当代社会的实际需要，系统、全面、深入地研究，为汉服研究做出贡献。

---

〔1〕诸葛铠等：《文明的轮回——中国服饰文化的历程》，中国纺织出版社，2007年。

〔2〕〔韩〕崔圭顺：《中国历代帝王冕服研究》（东华文库系列丛书），东华大学出版社，2007年。

〔3〕彭德：《中华五色》，江苏美术出版社，2008年。

〔4〕蒋玉秋、王艺璇、陈铎：《汉服》，青岛出版社，2008年。

三 汉服研究的方法与创新

汉服，作为中国服饰文化的重要组成部分，是中华民族从政治经济到审美文化各方面的综合体现。单纯用一种方法与手段对汉服进行研究，是不能够全面、深入发挥其学术价值的。因此，本书以考古材料为依托，拟综合运用文化人类学、民族学、民俗学、统计学、工艺学等相关的理论和方法结合图像学、服装人体工效学、服装心理学、市场营销学、服饰美学等理论途径的支撑，并借鉴相关方面研究成果，采取逻辑与整体、比较与归纳分析法对汉服的艺术发展状况、风格特征、文化源流、美学价值以及民俗风物做出多方位、多层次的探索性研究。

本书以服饰为切入点，从汉服的源流、现状、存在的问题着手，通过对汉服在中华民族传统大文化背景下的特殊地位及发展成果的研究，体现出汉服的美学和实用价值。在实用服饰掩盖服饰美学的现状下，发掘汉服对于人类生存和发展的重要意义，并呼吁文化艺术界改变目前"崇洋媚外"的错误理论思想，努力挖掘发展汉服的前景，体现它在世界服装史上不可替代的文化价值。同时，为"仪礼之服"款型的确立及全面的推广搭建理论平台、提供文献素材，让中国服饰美学得以传承与拓展。

19世纪末西方列强借武力占领中国市场，向中国大量倾销洋货，西方的器物文明以及伴随而来的思想观念、生活方式，开始不停地冲击中国社会，同时也深深影响了中国传统汉服的发展。改革开放以后，随着中国经济的崛起，国人重新审视自我传统文化，重建中华礼仪与道德体系，弥补文化断层，在这种现状下开展汉服的研究本身就是具有多重意义的工作，而其中所表现出的创新之处，就本书而言应该表现在以下几个主要方面：

首先，在经济一体化格局下，经济可以全球化、一体化，但文化绝不能也一体化。鉴于"鸦片战争"以后中国服装意识随着中国传统文化被逐步减弱，中国服饰被西洋服装所替代，从服装的现状可以折射出中国传统文化所面临的危机。本书以汉服为着眼点，唤起国人对中华民族文化艺术传承问题的思考与审视，为弘扬民族精神，重视民族文化传统贡献绵薄之力。

第二，在方法论方面，尝试将多种理论与方法研究进行全面交叉、对接，综合、深入体现汉服形态与发展。汉服是中华民族文化发展的镜子，反映着不同的时期、地域，不同的经济、技术，不同的审美、意念。因此，需要采用多种方法与手段对汉服进行研究。由于汉服涵盖的内容广泛，长期以来有关问题的形制界定及系统研究的专著目前非常缺乏，相关方面的研究薄弱。因此，本书对于以上研究选题中相应问题的讨论和解决，不仅为丰富汉服系统研究提供素材，同时对汉服形制的界定起到一定的作用。

第三，在梳理汉服的形制、渊源与流变的基础上，厘清旗袍、汉服与"唐装"的关系、本质以及特性。汉服作为中国古代物质文明的重要载体，蕴涵着丰富的社会美学、工艺技术学的历史研究与现实利用价值。深入研究汉服，必然为解决目前国内时尚理论研究领域中一些对立问题及错误观点提供参考与帮助。

第一章
中国传统文化与汉服

中国传统文化是中华民族历史上占主导地位的思想文化、价值观念的总汇，广泛地存在于人们的生活理念、心理特征、审美情趣等形态之中。从古至今，衣食住行都是人类生活最为基本的四大要素。"衣"排在首位，足以说明服饰的重要社会地位。在人类历史发展长河中，服饰作为社会文化的"晴雨表"，与中华文明、人文风俗、传统文化相互依存、荣辱与共。

汉服，是中华服饰重要的一支，与中国传统文化有着不可分割的关系。伴随着中国历史的发展，通过生产技术的提高、经济关系的改变、精神文化的延展，汉服以它独特的魅力彰显着中华民族的文化特质。它汇聚了众多民族的创作精华、文化结晶，独树一帜反映出社会物质生产和文明发展的过程，是中华民族传统文化与思想观念的产物。中国人特有的阴阳五行、"天人合一"宇宙观念以及诸子精神的思想指向，在中国传统文化在汉服衣冠服制中留下深深的印记。汉服制度被纳入"顺应天道""礼法自然"的思想范畴，成为"礼"的载体，立身于整个中国封建社会，在历朝历代的更替轮回中，演绎出立国威、严政律、明等级、辨贵贱的衣冠服制。

第一节　汉服的缘起

汉服，作为整个汉民族服饰的统称，是汉民族在几千年的历史沉淀中，通过不断演化与民族融合所产生的代表性服饰。它随着汉民族的历史发展而发展、变化而变化，同时也是中华民族整体服饰文化的一个缩影。汉服缘起最突出的条件之一就是汉民族的确立，因此具有极为鲜明的政治、文化特色。由于在汉服产生之前就已经有了服饰的存在，所以在探究汉服缘起的同时，除了需要关注有关汉族确立的相关内容,同时也要研究中华服饰的起源问题。没有"源"就谈不到"流","源"不仅是起源也是指原则,就是"万变不离其宗"的那个"宗"。所谓"宗"，就汉服而言归根到底就是"礼"的体现。

一　汉族祖源的形成与发展

民族，作为历史的范畴与种族有着不同的内质。种族是以体质为恒定标准的，通过皮肤颜色、骨骼体架来区分各族种差别。一个种族可以分为数个民族，一个民族同时又可以包含数个种族[1]。美国学者本尼迪克特·安德森对民族的解释是："民族是一种相像的政治共同体，并且它是被想象为本质上有限的，同时也是享有主权的共同体，它是想象的，即使是最小的民族成员，也不可能认识他们大多数的同胞、和他们相遇或者甚至听说过他们，然而他们相互连接的意念却活在每一位成员心中。在很大程度上，民族的想象能在人们心中呼唤出一种强烈的历史宿命感和民族意识。或者说当一个共同体内部有了一种共同的认同感和归属感时，这个共同体就作为一个民族而存在了。"[2]伍雄武先生在《中华民族的形成与归属感新论》中对民族的概念也有自己独特的认识："民族概念是关于文化主体和国家主体的概念。民族是一个社会实体，但是，这实体不过是人们相互关系的一个纽结，其内部与外部都由各种关系构成，由此它也就是一个系统。民族概念是一个系统概念,从民族的凝聚与认同来看,

---

〔1〕芬兰人就属于一个种族分为数个民族，瑞士人属于同一个民族但包含不同的种族。

〔2〕〔美〕本尼迪克特·安德森著，吴叡人译：《想象的共同体》，上海人民出版社，2003年，第6页。

民族精神、民族意识是灵魂。"[1] 由此可见,民族是指具有共同的历史、共同的风俗、共同的语言等各种客观条件的综合体,是由共同的文化意识及心理素质的人而产生的团结集团。

中国是一个民族众多的国家。汉族,作为其主体民族,不仅是当今世界上人口最多,并有着五千多年文明历史的民族,同时还是世界上少数几个文明未曾中断的古老民族之一。史学大家吕思勉先生曾对汉族做出了这样的评价:"人口最多,开明最早,文化最高,自然为立国之主体,而为他族所仰望。他族虽或凭恃武力,陵铄汉族,究不能不屈于其文化之高,舍其故俗而从之。而汉族以文化根柢之深,不必借武力以自卫,而其民载祀数千,巍然以大国立于东亚。斯固并世之所无,抑亦往史之所独也。"[2]

汉族的形成经历了一个漫长的发展过程,汉族的称谓也是在刘邦称霸天下建立汉朝之后才有的。先秦时期,生活在中原地区以诸夏部族为主的中原民族以及之后扩展的蛮夷、戎狄之间经过激烈的战争、相互通婚、贸易往来、文化交流逐渐融汇交合,到了春秋末期,在黄河流域逐步诞生出一个新的民族——华夏族。华夏族就是汉族的前身。有关"华夏"二字最早的记载是在《左传·襄公二十六年》中,孔颖达疏"华夏之中国也。""中国有礼仪之大,故称夏,有服章之美,谓之华"[3]。因此,《说文》曰:"华,荣也。""夏,中国之人也"[4]。中华的华,指的是华夏民族,从而"华夏"一词也被冠以"中国"的代称。由于历史发展的庞杂原因,华夏族先后又形成了南以楚,北以赵、燕,东以齐,西以秦为代表的四大支系,自持一地,

---

〔1〕伍雄武:《中华民族的形成与凝聚新论》,云南人民出版社,2000年,第223页。

〔2〕吕思勉:《中华民族源流史》,九州出版社,2000年,第93页。

〔3〕《左传·襄公二十六年》(十三经译注),上海古籍出版社,2004年。

〔4〕〔东汉〕许慎撰,〔清〕段玉裁注:《说文解字》,上海古籍出版社,1981年,第173、266页。

争霸各方。由此可以看出汉族的前身——华夏族，是一个由多血统、多支系经过长期的历史发展而不断融汇产生的民族。由于华夏族在秦王朝得到了统一，故这一族称也曾一度被西域各国称之为"秦人"。

随着秦汉的统一与一系列稳定措施的推行，以及后来黄河流域、长江流域思想文化的融合，使得华夏民族从政治经济到文化思想在"大一统"的指导方针下，更加稳固坚实地成为一个共同体，为华夏族向汉族转化搭建了有利平台，使之自立于世界民族之林便开始生根发芽。汉取秦后，各胡夷部落、四域各国在与汉王朝的交往、战争中逐渐开始称汉境之内的人为"汉人""汉兵""汉使"等，经过西汉到东汉400年的发展，"汉族"一词便替代华夏族成为当时汉境主导民族的统称。吕思勉先生说："汉族知名，起于刘邦称帝之后。"[1]吕振羽却认为："华族自前汉的武帝宣帝以后，便开始叫汉族。"[2]不论怎样，可以看出"汉族"这一称谓至此成为中国主体民族汉族的族称，并一直沿用至今。

二 服饰起源诸学说

前面提到，在汉服产生之前就已经有了服饰的存在，所以在研究汉服相关内容的同时，首先应该了解中华服饰的起源问题，因为有了前面的基奠，才会有后面汉服确立之初就具备非常完善的服制体系。

中华服饰文化源起的探讨与研究，一直以来都是中外服饰文化研究者所关注的内容。就目前已有的研究成果来看，有服饰的护身说、服饰的审美说、服饰的劳动说等等，研究者各抒己见、众说纷纭，均以自身的角度与立场为出发点对有关内容进行阐述及推理。这些说法无论哪种，都能从历史学、民族学、考古学等资料中找到

〔1〕吕思勉：《中华民族源流史》，九州出版社，2000年，第93页。
〔2〕吕振羽：《中华民族简史》，三联书店，1950年，第19页。

佐证。由于中华服饰文化源起时汉民族尚未形成,所以在这一时期是没有民族之分的。服饰本身的形成在人类原始思维及文化共性的推动下经过非常综合、多方位因素相互连带而产生,并不能因为某一个单一因素构成中华服饰文化,因此不能将某些现象独立化、个体化,应该整体、全面地去考虑它们之间的关系,可以说中华服饰的起源不是单一的。就服饰的功能而言,可以说人体的装饰最初是由实用而产生的,在此基础上又增加了其他的意义,所以笔者认为中华服饰文化的源起主要由人体防护说和人体装饰说两方面的因素构成。其中,人体防护说又分为气候适应说和身体保护说两方面的内容,人体装饰说又分为崇拜说和吸引说两方面的内容[1]。下面就上述问题进行详细分析:

表1-1 中国服饰源起诸学说分析

(一)人体防护说

在远古生产力低下、生活条件恶劣的情况下,服饰作为人类的"第二皮肤"是介于人与自然环境之间最为有效的实用性保护装备,它是人适应自然世界与之斗争抗衡的产物,是人们生存实践的需要。

人体的防护说包括两方面的内容:一是以服饰可以抵御气候变化为核心的气候适应说。适应气候是人生理的客观需要,面对严寒、

---

〔1〕参见表格 1-1 内容。

酷热，要生存就必须学会如何与大自然的各种特性保持协调。《释名·释衣服》载："凡服上曰衣。衣，依也，人所依以芘寒暑也。下曰裳。裳，障也，所以自障蔽也。"[1] 根据地域、自然生态环境的不同，原始人用兽皮、树皮、树叶披裹身体抵御严寒的侵袭；对于酷热的气候，原始人除了选择这些材料披裹身体外，还常常在身体上涂抹油脂或泥土以避免烈日暴晒。即使在现代化科技发展的今天，如新几内亚、巴塔哥尼亚等一些热带原始人至今仍处于沿用这种服饰的状态。人体防护说的另一方面是指服饰可以防止外物伤害的身体保护说。在长期的生存实践中为了防止昆虫或其他自然界外物的伤害，人们也会因地制宜借助原始材料来保护身体。他们除了用兽皮、树皮、树叶直接披裹身体外，还会将其撕成条状围于腰间避免虫叮蛇咬。为了保护自己不受伤害，原始人还往往插着兽角、戴着兽头帽、披着兽皮直接装扮成动物的形象获取更多的猎物，这一点与人体的装饰说似乎有异曲同工的意味（图1-1）。《后汉书·舆服志》就对中国服饰的起源有过这样的阐述："上古穴居而野处，衣毛而冒皮，

图1-1　法国旧石器时代洞穴伪装猎牛岩画
选自《中国服饰通史》

未有制度。后世圣人易之以丝麻，观翚翟之文，荣华之色，乃染帛以效之，始作五采见鸟兽，有冠角髦胡之制"。[2] 除此之外，这种伪装狩猎的服饰形象在欧洲、非洲等地的岩画中也有反映，进一步说明这种服饰在世界范围内的普遍性。另外，当人类频繁在树林中采集、在杂草中狩猎时，男性生殖器首当其冲处于毫无保护的危险处境，为繁衍生命，尤其是对男性生殖器的保护，用原始材料制成的"缠

---

〔1〕〔东汉〕刘熙：《释名》卷五《释衣服第十六》，中华书局，2008年。
〔2〕《后汉书·舆服志》，中华书局，2004年。

腰布"也是原始人身体防护的表现之一。中国古代汉服中的"韦鞸"是否就是这一原始服饰的延展，目前还尚无定论，但透过现如今在非洲、南亚、澳洲等地依然存在的由植物韧皮保护生殖器的服饰样式，还是可以为我们了解原始服饰的发展提供一些有力参考依据[1]。

（二）人体装饰说

中国人在很早就已经懂得用饰物来装饰美化自己。根据考古发现，远古人类祖先留下的服饰遗物是以"饰"为主的。当然，这主要取决于"服"的材质随着时间的流逝而变为碳化物没有保留下来所决定的。

人体的装饰说包括两方面的内容：首先，是以原始巫术、图腾为主题的崇拜说。远古时期，当人们还不知道宇宙间发生的自然现象是什么的时候，降临到人间的诸多灾难都被看作是魔力的作用，于是原始人类就佩戴各种由动物牙、骨以及石粒制成的装饰物以巫术的手段来化解和抵抗灾难的威胁。"巫术，是能够表达人们的原始信仰和原始宗教的有力手段，是人们企图控制外界，增加人类自身能力的便捷途径"[2]。根据考古发掘出的饰物可以看出，有明显用赤铁矿粉染成的红色痕迹，因为人与动物的体内都流动着红色的鲜血，所以用赤铁矿粉在饰物上染出红色，依据巫术意识就如同赋予了其生命的内涵。早在一万八千年前的人们就已经能够运用巫术这一原始手段，使服饰物品与精神相联系，表达内心的思想情感以及对生命的崇尚。在服饰的崇拜说因素中，除了巫术外，图腾的崇拜也是一个重要原因。原始先民根据自己的推测将自然界的日月星辰、动物、

---

〔1〕韦鞸：也叫蔽膝，中国古代服饰名称。通常用长约70厘米，宽约16厘米的皮革或布帛制成带状，系于腰间垂于前腹，后逐渐演变发展为挂于裙子外面的装饰。华梅：《人类服饰文化学》，天津人民出版社，1995年，第13页。

〔2〕华梅：《服饰与中国文化》，人民出版社，2001年，第6页。

植物以及自己创建的特异物像订立为各自的祖先，认为它们不仅繁衍了整个部族，还是护佑整个部族的神灵。从青海大通上孙家寨出土的舞蹈纹彩陶盆内图绘可以清楚地看出，那些手拉着手跳舞的人们腰间下垂的尾饰就是图腾崇拜下的典型服饰的表现。其次，是以审美心理为因素的吸引说。叶立诚在《服饰美学》一书中说："一个人对服饰产生审美的概念，进而出现服饰行为模式，这都与个体心理层面中最本质的'动机与需要'有着密切的关系。"[1] 吸引说认为，服饰的起源是人类为了吸引异性使自身更具魅力，用自己认为美的物体来美化和装饰人体的一种本能动机与冲动需求。在两性交往中，人们为了引起对方的注意与好感，往往采用夸张和美化的方式极度突出和强调性的特征，以此装饰形象来表达体格的强健、吸引异性的目光。"男性美与女性美的标准里，性的特征很早就成为一个很重要的成分，这是任何事实无可避免的。"其方法："一是在性器官上鲸墨；二是加上饰物；三是服饰上在这一部分添些特点，用意所在，有时貌似掩盖，事实上却在引人注意。拿衣服之美来代替身体之美，也是很早就出现的一个原因，并且我们知道，到了文明社会里，更有成为一种天经地义的趋势。"[2] 但这一学说与研究者们提出的遮羞说有着极大的区别，因为遮羞说是以人类为了遮挡、掩盖生殖器从而产生了服饰。吸引说是以强调性为出发点的，而遮羞说恰恰相反是以掩盖性为目的的。因此，这两个观点相背而行、互不联系。遮羞，在人的心里动机上是人们相互间一种合乎"礼"的自我感受。遮羞说完全是处于羞耻的心理要求而用各种物体遮掩身体的一种服饰行为，与吸引说成为相互对立的状态。《圣经》故事中亚当和夏娃由于吃了禁果而知道了善恶、真假，产生了羞耻心，知道了用无花果树的叶子来遮护身体，于是人类最初的服饰就此产生了。虽然这是一

---

〔1〕叶立诚：《服饰美学》，中国纺织出版社，2001年，第74页。
〔2〕霭理士：《性心理学》，三联书店，1988年，第66、67页。

个在西方流传甚广的传说故事，但也可以让我们从中了解一些唯心主义者的信仰。就目前的调查结果来看，以人体遮羞说为服饰源起的观点被多数人反对，研究者认为服饰是人类文明生活的重要支柱，羞耻心在自然裸态的原始部落中是不存在的，人对服饰的这种心理表现不是在人类出现的时候就有的，而是随着历史的发展、生活条件的改善、纺织技术的提高以及文化的高度发展之后才逐渐产生出来的。因此，有了服饰文化后才逐步萌发了羞耻之心。

第二节　汉服形成原因

服饰是社会风尚的表现形式之一，各种思想意识和人文风俗都会在其中有所反映。经历了人类披裹材料的原始服饰阶段，骨针的出现以及织物的发明及应用，使中华服饰具有了划时代的意义，成为人类智慧在服饰史上呈现的璀璨之星。自此为中华服饰的基本造型创造了条件，为汉服形制的形成以及典章制度的确立奠定了坚实的基础。

汉服形成的时期是汉民族确立的时期，从无形到有形，不是一朝一夕就能够形成的，它是建立于中华服饰形制成形基础之上的。由华夏诸族形成的汉民族，是以农耕为主要生产模式的民族，人们经过服饰创作的摸索而形成了一套在汉族各区域、各层次约定俗成的服饰穿戴习惯，其宽松的服饰样式完全区别于其他民族紧衣窄袖的着装造型；其右衽的款型模式，更是胡夷民族左衽服饰所不可替代的形象标志，它是汉族人民确立民族身份、区别夷狄形象的标杆。汉服作为社会发展的产物，是随着历史演变的过程，根据社会形态、文化背景、经济环境和生活方式的变革而不断进行改变及创新的，通过各种因素的影响，又经过各个时期的完善，最后逐步形成了一系列形制复杂、用途各异的服饰类别与形象状态。自此，汉服就与国家的政治经济、文化艺术、宗教思想等因素紧密联系、息息相关起来，因而汉服深邃、绵长的内在意涵也就更显其独特风姿。

汉服形成的因素具备了多方面的条件，本书就以下三个主要的方向进行研究，以便更加清晰、明确地梳理汉服形成的原因。

一　衣冠服制的影响

汉服数千年的着装方式，从茹毛饮血的原始时期开始，经历了夏、商、周三代的文化积淀，尤其在周代仪礼制度奠定基础下，随着历史的发展、社会的变迁在不断演进创新。国家政权的确立，封建社会的统治者们为了维护自己权力的稳定与形象的威仪，将衣冠服饰纳入国家制度之中，建立起一整套巩固政治权威、强化社会秩序、顺应天道命理、合乎"礼"法制度的着装模式。规定上至天子公卿，下至贫民百姓都必须依据服制的条例要求，按各自的身份、地位、场合等因素穿着衣冠服饰。以至于各阶层的服饰形象自上而下形成一种惯性和模式，从此贵贱有差、衣冠有别，服饰的穿着用途被逐步规范化。土地所有制的变化，使等级制度到两周时期更为明显，为顺应政治的需要、"礼"制的合理，人们的衣冠服饰必须与其身份地位相匹配，其社会阶层从服装配饰便可一目了然，完全达到了"见其服而知贵贱，望其章而知其势"的状态[1]。《左传卷一·隐公五年》载臧僖伯云："昭文章，明贵贱，辨等列，顺少长，习威仪也。"[2]《左传卷二·恒公二年》载臧僖伯云："衮、冕、黻、珽、带、裳、幅、舄、衡、紞、纮、綖，昭其度也（图1-2）。藻、率、鞞、鞛、鞶、厉、游、缨，昭其数也。"[3]《左传·昭公九年》云："服以旌礼，礼以行事，事有其物，

---

[1] 转引自《中国服饰通史》，陈高华等，宁波出版社，2002年，第89页。
[2] 《左传卷一·隐公五年》（十三经译注），上海古籍出版社，2004年。
[3] 《左传卷二·恒公二年》（十三经译注），上海古籍出版社，2004年。

图　1-2　冕冠图
（周汛、高春明《中国服饰五千年》）

图 1-3　皇帝冕服展示
（周汛、高春明《中国服饰五千年》）

物有其容。"[1]这些都说明了服饰在封建社会是用以表明身份、合乎礼仪的重要表现形式。自周代完善确立服制后，历朝历代对衣冠服饰都有了自己的明确规定，详细记载于各朝的《车服制》《舆服志》中，为汉服的传承、参考与发展提供了有力依据。如《续汉书·舆服志下》载："服衣，深衣制，有袍，随五时色"。又："冠旒冕，衣裳玄上纁下。乘舆备文，日月星辰十二章。"对天子常服、礼服做出了详细的规定（图1-3）[2]。《旧唐书·舆服志》对隋代皇帝贵臣服饰有这样的记载："多服黄文绫袍，乌纱帽，九环带，乌皮六合靴……"但生活在社会底层的庶民百姓之服装质料及样式却绝不得等同[3]。唐高祖武德四年（621）令规定："三品以上常服紫色，五品以上朱色，六品以下黄色。"[4]《宋史·舆服志》根据不同的场合，对后妃所戴凤冠形制分别

〔1〕《左传卷二十二·昭公九年》（十三经译注），上海古籍出版社，2004年。

〔2〕《后汉书·舆服志下》，中华书局，2004年。

〔3〕〔晋〕刘昫：《旧唐书》卷四十五《舆服志下》，中华书局，1975年。

〔4〕《旧唐书》卷四十五《舆服志下》，六品以下，《旧唐书》"下"误作"上"，本节引文字由孙机先生校订。孙机：《中国古舆服论丛》，文物出版社，1993年，第231—365页。

记载，珍珠九翚四凤冠："花九株，小花同，并两博鬓，冠饰以九翚、四凤。"另一种为九凤花钗冠："大小花二十四株，应乘舆冠梁之数，博鬓，冠饰同皇太后、皇后服之，绍兴九年所定也。"[1] 根据这些典籍资料可以看出服制规定首先是统治阶级巩固权力的工具；其次是封建礼教稳定社会秩序的手段；再次是传统宗教理念的体现。这种"分尊卑、别贵贱、辨亲疏"的着装模式，在世界服饰文化中都极为少有，其极具独创性、系统性和规范性的着装规定，成为中国服饰史上非常独具特色的代表形式。

从文献资料及出土文物可以了解到，随着社会的发展、生产技术的提高，中国的衣冠服制在夏商初步建立的基础上，有关织造、练漂、染色等服饰加工制造的专门机构设立以及衣冠服制的确立，于周代得以完善，不仅为以后各朝代服制规定搭建了坚实的构建平台，为汉服形制的确立与发展提供创造依据，同时也将汉服的衣冠服制纳入了"礼治"的范畴，成为统治阶级维护政治权利、树立国家形象的有力手段及表现形式。

（一）冠服制度的确立

《中国衣经》载："这些繁缛的礼仪规定了统治阶级和被统治阶级之间、统治阶级与统治阶级之间、被统治阶级与被统治阶级之间的礼节界限。与这种礼仪相适应，各种典章制度也随之而产生。衣冠服饰制度就是根据这种需要制定出来的。"[2] 于是，冠服制度历经长时间的磨砺以及各方面条件的具备，终于在周代得以确立，其中对正式场合如祭祀、朝会、宴见等活动穿用的吉礼之服规定更为详细和明确。

礼服，亦称吉礼之服，是中国古代人们从事祭祀等重要活动所

---

〔1〕《宋史》卷一五一《舆服志三》，中华书局，1975年。

〔2〕缪良云等：《中国衣经》，上海文化出版社，2000年，第16页。

穿用的服饰，是所有服饰中最为庄严、隆重、高贵的服饰。由于活动种类繁多以及服用者的地位差别，根据不同的场合与用途派生出各种繁杂的服饰形态。聂崇义在《新定三礼图》中云："周天子吉服有九，冕服六，弁服三，凡九也。故《司服》云：'王祀昊天上帝则服大裘而冕；祀五帝亦如之；享先王则衮冕；享先公飨射则鷩冕；祀四望山川则毳冕；祭社稷五祀则绨冕；祭群小祀则玄冕；兵事韦弁服；视朝皮弁服；凡甸冠弁服。'又司马彪《汉书·舆服志》云：'明帝永平二年初，诏有司采《周官》《礼记》《尚书》之文制冕，皆前圆后方，朱里玄上，前垂四寸，后三寸。王用白玉珠十二旒，三公诸侯青玉七旒，卿大夫黑玉五旒。皆有前无后。此亦汉法耳。'"[1]可见，天子礼服为九种，有冕服与弁服之分。所谓六冕，是帝王百官行祭祀之礼时所穿的服装，根据不同的祭祀内容分为六种。冕服由冕冠、玄衣、纁裳、大带、革带、韨、佩绶、赤舄等组成。"冕"，本为会意字，是金文的形体，代表有帽至于人头上。《说文解字》："大夫以上冠也。邃延，垂旒，纮纩。"又："冠，絭也。所以絭发，弁冕之总名也。"[2]冕冠是古代帝王、诸侯及卿大夫参加祭祀活动最为贵重的礼冠，夏代称"收"；商代称"冔"；周代称"冕冠"，简称"冕"。由于其在祭服中处于极其重要的地位，故人们常用"冠冕堂皇"来形容外表气派的行为或样子。玄衣，既青黑色的上衣，上面绘以章纹。纁裳，既绛色围裙，绣以各式章纹[3]。所有章纹中以"十二章"最贵，服用时需根据不同的祭祀品级类别选择冕服与章数。据《周礼·春宫·司

〔1〕〔宋〕聂崇义纂：《新定三礼图》，中华书局，2006年，第7页。以下所有相关引注内容出处相同不再累注。

〔2〕〔东汉〕许慎撰、〔清〕段玉裁注：《说文解字》，上海古籍出版社，1981年，第214页。

〔3〕纁色，目前为止没有一个定论到底为何色。黄能馥、陈娟娟：《中国服饰史》称："纁既黄赤色。"上海人民出版社，2004年，第53页，缪良云等《中国衣经》称："纁裳既绛色围裳。"上海文化出版社，2000年版，第17页。

服》载："王之吉服：祀昊天上帝则服大
裘而冕，祀五帝亦如之；享先王则衮冕；
享先公、飨、射则鷩冕；祀四望、山川
则毳冕；祭社稷、五祀则希冕；及群小
祀则玄冕。"[1]

大裘冕：帝王祭祀昊天上帝的礼服，
由冕、中单、大裘、玄衣、纁裳组成。
冕冠无旒，上衣画日、月、星辰、山、龙、
华虫六章纹样，下裳绣藻、火、粉米、宗彝、
黼、黻六章纹样，共十二章。《新定三礼图》
载："大裘者，黑羔裘也。其冕无旒。亦
玄表纁里。案郑《志》，大裘之上，又有
玄衣，与裘同色，但无文彩耳。裘下有

图 1-4　大裘冕
选自《三礼图》

裳，纁色，朱韨素带，朱里，朱绿，终辟，
佩白玉而玄组绶，赤舄黑绚繶。纯绚者谓
拘屦舄之头以为行戒。繶，缝中绌也。纯缘也。三者皆黑色。大裘已
下，冕皆前圆后方。天子以球玉为笏。王祀昊天上帝、五帝、昆仑、
神州皆服大裘。"（图 1-4）

衮冕：《新定三礼图》载："衮冕九章。"仅次于大裘冕。是天子、
上公祭祀先王之吉服，由冕、中单、玄衣、纁裳组成。天子冕冠十二旒，
每旒用十二颗珠子制成；上公冕冠九旒，每旒用九颗珠子制成，上
衣画山龙、华虫、火、宗彝五章纹样，下裳绣藻、粉米、黼、黻四
章纹样，共九章。

鷩冕：仅次于衮冕，是祭祀先公行飨射典礼之吉服，由中单、
玄衣、纁裳组成。天子冠九旒，每旒用九颗珠子制成；上公冕冠七旒，

〔1〕杨天宇：《周礼》（十三经译注），上海古籍出版社，2004年，第122—316页。
以下所有相关引注内容出处相同不再累注。

每旒用七颗珠子制成，上衣画华虫、火、宗彝三章纹样，下裳绣藻、粉米、黼、黻四章纹样，共七章。《新定三礼图》载："鷩冕七章，享先公飨射之服。"

毳冕：《新定三礼图》载："毳冕五章，祀四望山川之服。"仅次于鷩冕，是王祭祀四望山川的礼服，由中单、玄衣、纁裳组成。天子冠七旒，每旒用七颗珠子制成；上公冕冠五旒，每旒用五颗珠子制成上衣画宗彝、藻、粉米、三章纹样，下裳绣黼、黻两章纹样，共五章。

絺冕：仅次于毳冕，是祭祀社稷、五神的礼服，由中单、玄衣、纁裳组成。天子冠五旒，每旒用五颗珠子制成，上衣绣粉米一章纹样，下裳绣黼、黻两章纹样，共三章。"希"是绣的意思，故希冕衣裳均绣之。《新定三礼图》载："絺冕三章，祭社稷五祀之服。"

玄冕：仅次于希冕，是祭祀四方百物等小祀时的吉服，由中单、玄衣、纁裳组成。天子冠三旒，每旒用三颗珠子制成，上衣不加章纹，下裳绣黻一章纹样。《新定三礼图》载："玄冕一章，祭群小祀之服。贾疏云：'上四衣皆玄而有画，此衣不画而无文。其衣本是一玄，故独得玄名。'"一章，唯裳刺黻而已。可见，不同的祭祀对象必须服用相对应的冕服，等级森严，制度明确，以示对天、地的崇敬。

所谓弁服，也属于吉礼之服的范畴，有三种形式：

韦弁服：赤黄色，用于兵事，由韦服、韦弁帽等组成。《新定三礼图》载："韦弁服者，王及诸侯卿大夫之兵服。"又"天子亦以五采玉十二饰弁之缝。诸侯以下各依命数玉饰之，皮弁玉饰亦然"。郑注，韦为熟牛皮，此服与弁均用韎韦制成。韎，赤黄色。弁，首服之次者，其形略似后世瓜皮帽。晋代韦弁如皮弁，为尖顶样式。

皮弁服：白色，用于朝事。皮弁，用白鹿皮制成的形如覆杯的尖顶帽，天子以五彩玉饰其缝中。据《仪礼·士冠礼》："皮弁服，素积，缁带，素韠。"注云："以白鹿皮为冠，向上古也。"说明这是一种由白色有褶皱的面料、缁带、白色蔽膝等组成的服饰[1]。

冠弁服：夏称"毋追"，殷称"章甫"，周称"委貌"，因用缁布制成，而得玄冠之名。用于田猎之事，养老、燕群臣亦服之。其诸侯不限畿内畿外视朝行道皆服之。天子诸侯之卿大夫祭其庙亦皆同服之，但王服白舃，臣服白屦。《仪礼·士冠礼》载："主人玄冠、朝服、缁带、素韠。"郑注："玄冠，委貌也委，安也。服之所以安正容体也。若以色言之则曰玄冠。"其服为缁布衣，裳与皮弁服同。

爵弁服：是臣下助君祭之服。据《仪礼·士冠礼》："爵弁服，纁裳、纯衣、缁带、韎韐。""爵"通"雀"。爵弁，形似冕而无旒，色如雀头，赤而微黑，玄衣纁裳，不见文采。

除六冕、弁服外，还有其他一些如玄端及深衣等吉礼服饰的规定。据《周礼·春宫·司服》载："凡兵事韦弁服；视朝则皮弁服；凡甸冠弁服；士助君祭爵弁服。"又"其服有玄端、素端"。《礼记·玉藻》："玄端而朝日于东门之外。""朝玄端，夕深衣。"[2]

玄端：由玄冠、缁布衣、玄裳或黄裳和杂裳、缁带、爵韠等组成。据《仪礼·士冠礼》："玄端，玄裳、黄裳、杂裳可也，缁带、爵韠。"《新定三礼图》载："端，取其正也。士之玄端，衣身长二尺二寸．袂亦长二尺二寸。今以两边袂各属一幅于身，则广袤同也。其袪尺二寸。大夫己上侈之，盖半而益一。然则其袂三尺三寸。袪尺八寸。"《周礼·春宫·司服》："齐有玄端。"张镒《图》云："天子齐，玄衣、玄冠、玄裳、黑韠、素带、朱绿、终辟、佩白玉、黑舃、赤绚繶纯。诸侯唯佩山玄玉，为别燕居朱裳、朱韠、赤舃、黑绚繶纯。卿大夫素裳。上士玄裳。中士黄裳。下士杂裳，前玄后黄。大夫以上朝夕服之，唯士夕服之。夕者，若今晡上视事耳。"可见玄端应用广泛，上下通

---

〔1〕《仪礼·士冠礼》（十三经译注），上海古籍出版社，2004年，第8页。以下所有相关引注内容出处相同不再累注。

〔2〕《礼记·玉藻》（十三经译注），上海古籍出版社，2004年。

服之，不仅是士常服之礼服，而且也是天子、诸侯的燕居之服。缁布衣，衣袂和衣长都为2.2尺，正幅正裁，无纹饰，以正直端方而得名。由于在后续章节会对深衣做详细阐述，故不再累述。

对应六冕，也就出现了六服。《周礼·天官》记载："内司服掌王后之六服袆衣、揄狄、阙狄、鞠衣、展衣、缘衣，素纱。辨外、内命妇之服，鞠衣、展衣、缘衣，素纱。"所谓六服，是周代后妃与帝王礼服相配之吉服，分为六种规格。这六种礼服的样式及材质差别甚微，均为上下连属，并用素纱内衣与之相配，表示妇女德行专一，只有在颜色与纹饰上加以区别，其中袆衣、揄狄、阙狄是皇后专门用于祭祀的祭服。内命妇之九嫔服鞠衣，世妇服展衣，女御服缘衣，外命妇、孤之妻服鞠衣，卿大夫之妻服展衣，士妻服缘衣。具体分析如下。

图 1-5　袆衣
选自《三礼图》

袆衣：玄色，是王后跟从王祭祀先王的祭服，位于诸服之首。"袆是"翚"的借字，先用玄色缯刻雉（野鸡）形，再以五彩绘之，缀于衣上以为饰。据聂崇义《新定三礼图》卷二零："深青织成，为之文，为翚翟之型。素质，五色十二等。素纱中单，黼领、罗縠襟、襈，皆用朱色蔽膝。随裳色以緅为领，用翚雉为章，三等。大带隋衣色，朱里，紃其外，上以朱绵，下以绿绵。纽约用青组，以青衣、革带、青袜舄。舄加金饰。白玉双佩，玄组双大绶，章彩。尺寸与乘舆同。受册、助祭、朝会诸大事则服之。皇后不制此服。"[1]（图1-5）

---

〔1〕〔宋〕聂崇义纂：《新定三礼图》，中华书局，2006年，第621—622页。以下所有相关引注内容出处相同不再累注。

揄狄：青色，是王后跟从王祭祀先公的祭服，位次于袆衣。郑注，"揄"是"摇"的借字，"狄"当为"翟"，也是野鸡。摇翟，就是先用青色缯刻雉形，再以五彩绘之，缀于衣上以为饰。据聂崇义《新定三礼图》卷二零："青织成，为之文，为摇翟。素质，五色九等，蔽膝，摇雉为章，二等。大带不朱里。以上皆同袆衣，又瑜玉双佩，纯朱，双大绶，章彩，尺寸与皇太子妃同。首饰大花、小花皆九数，并博鬓。皇太子妃受策、助祭、朝会诸大事则服之。"

阙狄：赤色，王后及大臣之妻宴见时也可服用，位次于揄狄。《新定三礼图》卷二零："袆、揄二翟皆刻缯为雉形，又以五采画之，缀于衣。此亦刻缯为雉形，不以五色画之，故云阙翟。其衣色赤，俱刻赤色之缯为雉形，间以文缀于衣上。"郑注："刻缯为雉形，惟不画以采色，缀於服上以为饰。"说明阙狄是没有纹饰的吉服。

鞠衣：黄色，王后以躬亲蚕（每年春三月开始养蚕时，皇后向先帝祷告桑事的祭祀之礼）的服饰，内外命妇朝会时也可服用。据聂崇义《新定三礼图》卷二零："黄罗为之。其蔽膝、大带及衣革带、袜、舄随衣色，余与袆衣同，唯无雉。皇后亲蚕则服之。"

展衣：白色，王后及大夫之妻朝见帝王、接见宾客的服饰。郑注，"展"当为"禅"。《释名·释衣服》曰："禅衣，禅，坦也，坦然正白无文采也。"[1] 据聂崇义《新定三礼图》卷二："展衣色白。后以礼见王及宾客之服佩绶如上。上首服亦编，白屦黑约繶纯。"

缘衣：黑色，王后燕居或进御于王时所服。郑注，"缘"是"褖"字之误。《新定三礼图》载："男子褖衣既黑，则妇人褖衣黑可知也。"

（二）等级制度的明确

如果没有中国奴隶社会衣冠服制的确立，就不会产生汉服特有

---

〔1〕〔东汉〕刘熙：《释名》卷五《释衣服第十六》，中华书局，2008年。

的等级制度。奴隶社会阶级等级森严，作为社会物质基础与精神文明双重文化的纽带，就服饰而言在各个方面都有非常明确的规定，成为"礼"的重要组成部分，被赋予极为强烈的等级色彩。主要表现在以下几个方面：

1. 服饰样式

服饰的样式在等级森严的奴隶社会是依据服用者的身份而定的。据《礼记·玉藻》载："锦衣狐裘，诸侯之服也。""并纽约，用组三寸，长齐于带。绅长制：士三尺，有司两尺有五寸。……大夫大带四寸。杂带，君朱绿，大夫玄华。士缁辟，二寸，再缭四寸。凡带有率无箴功。""唯世妇命于奠茧，其他则皆从男子。"[1]可见，天子与诸侯以大裘宽袍博带华冠为服；卿大夫以博袍宽带绣衣上裘为服；士以下以短衣紧身袴为服；妇女服饰随父、夫、子的地位而定。这种以服饰样式或划分等级制度的规定从大量的典籍史料记载中都可以明确地了解到。

2. 服饰色彩

色彩体现等级身份是中国服饰独有的特色。古人根据阴阳五行将青、赤、黄、白、黑五色定为正色；将绿、红、碧、紫、驷黄五色定为间色，正色贵而间色贱。《礼记·玉藻》载："天子素带朱里终辟，而素带终辟，大夫素带辟垂，士练带率下辟，居士锦带，弟子缟带。""韠：君朱，大夫素，士爵韦。""一命缊韨幽衡，再命赤韨幽衡，三命赤韨葱衡。"[2]《荀子·富国》："天子袾裷、衣冕，诸侯玄裷、衣冕，大夫裨、冕，士皮弁、服。"[3]由此可见，色彩在古代服饰的方方面面都标志着服用者的身份高低，是奴隶社会等级品第的指示标。

---

〔1〕《礼记·玉藻》（十三经译注），上海古籍出版社，2004 年。

〔2〕《礼记·玉藻》（十三经译注），上海古籍出版社，2004 年。

〔3〕《荀子·富国卷六》（诸子集成），中华书局，1954 年。

3. 服饰纹饰

纹饰在很早就成为统治者用以区分尊卑贵贱的手段，周以前就出现的"十二章纹"是区分等级最典型的纹饰。"十二章纹"最早的记载是《尚书·益稷》："帝曰：予欲观古人之象，日月星辰山龙华虫作会宗彝藻火粉米黼黻绨绣，以五采章施于五色作服汝明。"[1] 所谓"十二章纹"，既以日、月、星辰、山、龙、华虫藻、火、粉米、宗彝、黼、黻构成的十二种图形，每一种图案均有很深的内涵与寓意[2]。在服饰选用时根据身份品第高低从十二章依次递减至三章，表明每一级别的差异。

4. 服饰质料

古代典籍中有关以服饰质料区别等级的记载非常多。《礼记·玉藻》载："士不衣织。""君衣狐白裘。""君子狐青裘豹褎"，玄绡衣以裼之；麛裘青犴褎，绞衣以裼之。羔裘豹饰，缁衣以褎之；狐裘，黄衣以裼之。""锦衣狐裘，诸侯之服也。"[3]《周礼·天官·司裘》："司裘掌为大裘，以共王祀天之服。"[4]《管子》："刑余戮民，不敢服丝。"[5]《史记·蔺相如列传》："臣以为布衣之士尚不可欺。"从上述资料可以了解到，王侯贵臣地位高的人可以用上等材质的面料制作服装，而士庶贫民只能选择低等裘皮和麻布等材质制作服装。即使那些优美、舒适的服饰质料均出自于劳苦大众的手，但严格的服饰规定使下层平民不敢有任何非分之想去逾越这道禁区。

---

〔1〕〔清〕阮元校刻：《尚书正义·益稷卷第五》（十三经译注），中华书局，1980年。

〔2〕由于笔者在后面的章节会详细阐述，此处不再重复。

〔3〕《礼记·玉藻》（十三经译注），上海古籍出版社，2004年。

〔4〕杨天宇：《周礼·天官·司裘》（十三经译注），上海古籍出版社，2004年。

〔5〕《管子·立政第四》（诸子集成），中华书局，1954年。

（三）服饰职官制度的建立

统治者将服饰的原始职能通过衣冠服制扩大后，对于服饰"分贵贱、别等威"的政治功能之重视，通过相关环节如生产、管理、分配等职官设置分工能够一目了然，明晰于心。从夏代起就有专门为皇室蚕事服务的女奴，商代开始有了专管蚕事的"女蚕"职官，到了周代有关服饰方面的职官制度日趋完备，为后朝服饰加工、管理的完善奠定了基础。依据《周礼》载："惟王建国，辨方正位，体国经野。设官分职，以为民极。乃立天官冢宰，使帅其属，而掌邦治，以佐王均邦国。""惟王建国，辨方正位，体国经野。设官分职，以为民极。乃立地官司徒，使帅其属，而掌邦治，以佐王扰邦国。"[1] 根据门类统计，各种与之相关的职官有 18 位，依次为：

1．"天官冢宰"[2] 下设

玉府，为王掌管金玉、玩好、兵器、燕居服饰以及装饰衣冠之用玉的职务。《周礼·天官冢宰·叙官》载："玉府，上士二人，中士四人，府二人，史二人，工八人，贾八人，胥四人，徒四十有八人。"《周礼·天官冢宰·玉府》载："玉府掌王之金玉、玩好、兵器，凡良货贿之藏。共王之服玉、佩玉、珠玉。……掌王之燕衣服、衽席、床第、樊亵器。……凡王之献金玉、兵器、文织、良货贿之物，受而藏之。凡王之好赐，共其货贿。"

司裘，为王掌管皮毛制造、供其之需的职务。《周礼·天官冢宰·叙官》载："司裘，中士二人，下士四人、府二人，史四人，徒四十人。"《周礼·天官冢宰·司裘》载："司裘掌为大裘，以共王祀天之服。……凡邦之皮事掌之。岁终则会，唯王之裘与其皮事不会。"

掌皮，负责掌管收取、派发皮毛及毛毡加工的职官。《周礼·天官冢宰·叙官》载："下士四人、府二人，史四人，徒四十人。"《周礼·天

---

〔1〕杨天宇：《周礼》（十三经译注），上海古籍出版社，2004 年。

〔2〕杨天宇：《周礼·天官冢宰》（十三经译注），上海古籍出版社，2004 年。

官冢宰·掌皮》载："掌皮掌秋敛皮，冬敛革，春献之，遂以式法颁皮革于百工。共其毳毛为毡，以待邦事。岁终，则会其财赍。"

典丝，负责掌管收受、支出丝物的职官。《周礼·天官冢宰·叙官》载："下士二人，府二人，史四人，贾四人，徒十有二人。"《周礼·天官冢宰·典丝》载："典丝掌丝入，而辨其物，以其贾楬之。掌其藏与其出，以待兴功之时，颁丝于外、内工，皆以物授之。凡上之赐予亦如之。及献功，则受良功而藏之，辨其物而书其数，以待有司之政令，上之赐予。……岁终，则各以其物会之。"

典枲，负责掌管麻纺织物分配、收取的职官。《周礼·天官冢宰·叙官》载："下士二人，府二人，史二人，徒二十人。"《周礼·天官冢宰·典枲》载："典枲掌布、缌、缕、纻之麻草之物，以待时颁功而授赍。及献功，受苦功，以其贾楬而藏之，以待时颁。颁衣服，授之。赐予亦如之。岁终，则各以其物会之。"

内司服，负责保管、供给王后及内外命妇服饰的职官。《周礼·天官冢宰·叙官》载："奄一人，府二人，女御二人，奚八人。"《周礼·天官冢宰·内司服》载："内司服掌王后之六服袆衣、揄狄、阙狄、鞠衣、展衣、缘衣，素纱。辨外、内命妇之服，鞠衣、展衣、缘衣，素纱。凡祭祀、宾客，共后之衣服，及九嫔、世妇，凡命妇，共其衣服。共丧衰亦如之。后之丧，共其衣服，凡内具之物。"

缝人，负责管理缝纫加工服饰的职官。《周礼·天官冢宰·叙官》载："奄二人，女御八人，女工八十人，奚三十人。"《周礼·天官冢宰·缝人》载："缝人掌王宫之缝线之事，以役女御，以缝王及后之衣服。……掌凡内之缝事。"

染人，负责管理染练丝帛的职官。《周礼·天官冢宰·叙官》载："下士二人，府二人，史二人，徒二十人。"《周礼·天官冢宰·染人》载："染人掌染丝帛。凡染，春暴练，夏纁玄，秋染夏，冬献功。掌凡染事。"

追师，负责管理王后及内外命妇首服的职官。《周礼·天官冢宰·叙官》载："下士二人，府一人，史二人，徒四人。"《周礼·天官冢宰·追师》载："追师掌王后之首服，为副、编、次，追衡、笄。为九嫔及外内命妇之首服，以待祭祀、宾客。"

屦人，负责管理国王、王后足服的职官。《周礼·天官冢宰·叙官》载："下士二人，府一人，史一人，工八人，徒四人。"《周礼·天官冢宰·屦人》载："屦人掌王及后之服屦，为赤舄、黑舄，赤繶、黄繶，青句，素屦，葛屦。辨外内命夫、命妇之命屦、功屦、散屦。凡四时之祭祀，以以宜服之。"

2．"地官司徒"[1]下设

闾师，负责管理收纳布帛的职官。《周礼·地官司徒·叙官》载："中士二人，史二人，徒二十人。"《周礼·地官司徒·闾师》载："闾师……任嫔以女事，贡布帛……"

羽人，负责管理收纳布帛的职官。《周礼·地官司徒·叙官》载："下士二人，府一人，徒八人。"《周礼·地官司徒·羽人》载："羽人掌以时征羽翮之政于山泽之农以邦赋之政令。凡受羽，十羽为审，百羽为抟，十抟为缚。"

掌葛，负责管理征收葛麻质料的职官。《周礼·地官司徒·叙官》载："下士二人，府一人，史一人，胥二人，徒二十人。"《周礼·地官司徒·掌葛》载："掌葛掌以时征绤綌之材于山农、凡葛征、征草贡之材于泽农以当邦赋之政令，以权度受之。"

掌染草，负责掌管征收染草的职官。《周礼·地官司徒·叙官》载："下士二人，府一人，史二人，徒八人。"《周礼·地官司徒·掌染草》载："掌染草掌以春秋敛染草之物，以权量受之，以待时而人颁之。"

3．"春官宗伯"[2]下设

典命，负责管理诸侯、诸臣五礼的职官。《周礼·春官宗伯·叙官》载："中士二人，府二人，史二人，胥一人，徒十人。"《周礼·春官宗伯·典命》载："典命掌诸侯之五仪，诸臣之五等之命。上公九

---

〔1〕杨天宇：《周礼·地官司徒》（十三经译注），上海古籍出版社，2004年。
〔2〕杨天宇：《周礼·地官司徒》（十三经译注），上海古籍出版社，2004年。

命为伯，其国家、宫室、车旗、衣服、礼仪皆以九为节；侯伯七命，其国家、宫室、车旗、衣服、礼仪皆以七为节；子男五命，其国家、宫室、车旗、衣服、礼仪皆以五为节。王之三公八命，其卿六命，其大夫四命，及其出封，皆加一等，其国家、宫室、车旗、衣服、礼仪亦如之。公之孤四命，以皮帛视小国之君；其卿三命，其大夫再命，其士一命。其宫室、车旗、衣服、礼仪各视其命之数。侯伯之卿、大夫、士亦如之。子男之卿再命，其大夫一命，其士不命。其宫室、车旗、衣服、礼仪各视其命之数。"

司服，负责掌管王行吉礼和凶礼服饰的职官。《周礼·春官宗伯·叙官》载："中士二人，府二人，史一人，胥一人，徒十人。"《周礼·春官宗伯·司服》载："司服掌王之吉凶衣服，辨其名物，与其用事。王之吉服：祀昊天上帝则服大裘而冕，祀五帝亦如之；享先王则衮冕；享先公、飨、射则鷩冕；祀四望、山川则毳冕；祭社稷、五祀则希冕；及群小祀则玄冕；凡兵事韦弁服；视朝则皮弁服；凡甸冠弁服。……凡大祭祀、大宾客，供其衣服而奉之……"

家宗人，负责掌管家邑礼仪、服饰等禁令的职官。《周礼·春官宗伯·叙官》载："如都宗人之数。"《周礼·春官宗伯·家宗人》载："家宗人掌家礼与其衣服、宫室、车旗之禁令。"

4．"夏官司马"[1]下设

弁师，负责掌管君王及诸臣冕冠、弁帽的职官。《周礼·夏官司马·叙官》载："下士二人，工四人，史二人，徒四人。"《周礼·夏官司马·弁师》载："弁师掌王之五冕，皆玄冕、朱里延，纽，五采缫十有二就，皆五采玉十有二，玉笄，朱纮。……诸侯及孤、卿、大夫之冕，韦弁、皮弁、弁绖，各以其等为之，而掌其禁令。"

从这些繁杂、详细的职官名称及工作职能可以了解到，汉服的

---

〔1〕杨天宇：《周礼·地官司徒》（十三经译注），上海古籍出版社，2004 年。

服制系统是在此基础上得以完善的，如果没有前人如此完备的服饰职官制度的建立，恐怕汉服的文化及艺术高度还不能够达到如此完备的地步。

二　生活条件的限制

在人类社会不断演进的过程中，人们的着装状况完全取决于社会背景、生活环境、经济形态以及生产方式等因素的制约，汉服的创建及发展与这些因素有着极为密切的关系。在受此方面制约的同时又因为这些因素促使而形成了汉服形制与种类的丰富，并以此形成了汉服错综复杂的服饰类别与形象。它不仅是时代风尚的真实表现，也是社会发展的特殊产物。从现实生活角度出发，如果没有中国延绵辽阔的疆土，就不会产生汉服样式的南北差异；如果没有生产技术的提高，就不会产生有汉服质料的改变；如果没有经济基础的奠定，就不会产生品质卓越、图案精美、款型丰富的汉服。因此说，生活条件的限制是汉服确立的主要因素之一，大致可分为以下几方面的内容。

（一）　自然条件

在服饰发展的早期，原始人类就依据自然环境的不同而产生了形态迥异的原始服饰。人与自然的关系是相辅相成、互为依存的。人们通过认识自然、适应自然、便不可避免地受自然条件的制约，它是人类赖以生存及发展的物质基础，为汉服的创建与确立提供先决条件。其中地理环境因素对汉服文化的产生与走向起到了尤为重要的作用。

中国历史悠久、幅员辽阔，地理位置优越。考古发现，在黄河流域、长江流域、珠江流域，以及东北地区、云南等地，都有人类早期活动的痕迹。但中华民族的主体、汉族的前身——华夏族，主要活动于黄河中游地区，由于这里气候适宜、便于生活、易于耕种，也成为农耕文明的发祥地。经过夏、商、周三代，华夏先民不断向四周扩张，到春秋时代，黄河中下游流域已经成为中华民族政治、经济、文化的中心。公元前221年，秦始皇建立了中国第一个统一的国家，其疆域北起河套、阴山山脉及辽河下游流域，南至今越南北部和两广地区，西至陇山、川西和云贵高原，东至东部海域，为中国版图的基本规模奠定了坚实的基础。秦汉统一之后，人们的活动范围继续扩张向南推移，经过历史的变迁，朝代的更替，中国的疆域在不断的发展变化，其中不少王朝的版图还扩大到今天中国领土以外的区域。

　　汉服的形成，首先要受到地理环境、气候条件的制约和支配。中国从南到北疆域广阔，纵横数千公里，地跨寒带、温带和亚热带三个气候类别，气候差异十分明显，因此自然条件的差异，便给人们的生存条件带来了差异，于是着装要求和方式也就产生了根本的不同。汉服的文化形态，随着地域环境的不同、物质生活条件的各异，其款型、用料都因为所处地段的不同产生了鲜明的南北差别，"一刚一柔"极具特色。这些服饰形态既相互独立，又特点统一，不断交融、相互渗透，在大中华文化背景中共同发展，从而也就为汉服的历史和文化增添了丰富的内涵及多样的形制，促使汉服形成了明显的地域差别以及统一与多样并存的文化特色。不同地域的人，对自然条件的利用程度也存在着相当悬殊的差别，因而地理环境对人类或人类社会所起的作用也就有很大的不同。例如东南沿海地区位于长江以南，气候温暖潮湿，人们多以棉、麻、丝为着装用料，样式柔和细腻、流畅飘逸；西北地区则寒冷少雨，服饰材料也因地制宜，多采用动物毛皮、呢料、锦缎等保暖性强的面料以抵御寒冷，其服装样式就显得厚重粗犷、宽大奔放。

（二）社会条件

除上述条件外，汉服文化的确立也必须依托非自然因素的社会发展条件，其中经济的发展和技术的提高是汉服确立与发展的坚实基础。据《韩非子·五蠹》载："古者丈夫不耕，草木之实足食也；妇人不织，禽兽之皮足衣也。"[1] 由于自然资源丰富，经济形式不断改变，先民的生活状态逐步由原始狩猎、采摘过渡到农耕与游牧并存的社会经济形式，人们为谋求生存不断地改造周边环境、提高生产技术、促进社会发展、开始强调人类改造自然的能力，从而使人类服饰的样式和用料发生了翻天覆地的变化。一万多年前人类就已经懂得用骨针缝制材料制作衣服；仰韶文化时期，出现了原始农业和纺织业，人们开始用麻纤维缝制服饰；新石器时代中期人们又懂得了养蚕缫丝；随着提花织机的进一步发明以及生产技术的逐步改进与提高，服装面料尤其是色彩艳丽、图案精美的丝绸织物的不断完善与发展，使中国丝绸享誉国内外，成为权臣国戚争相选用攀比的物品，并因此而成为汉服极为重要的用料主材之一。由于生产力的发展而引起的社会等级与制度的种种变革，使经济因素也随之成为确立汉服的又一个重要条件。这一因素不仅给汉服蒙上了浓重的政治色彩，使服饰与社会不同成员及群体有着息息相关的联系，同时也在一定的程度上左右着汉服的演变趋势，对汉服形制的确立与变化产生巨大的影响。经历了原始服饰的演变，周代衣冠服制的明确，战国对垒中服饰差异的消融，秦王朝的一统天下，汉朝经济、技术条件的完善，汉服终于随着汉民族的确立而产生，并一发不可收，在确立之初就以完备的形制体系散发出无比耀眼的光芒，在世界服饰之林扮演着极具特殊意义的角色。

---

〔1〕陈奇猷校注：《韩非子卷十九·五蠹第四十九》，中华书局，1958年。

三　文化观念的驱使

　　"文"与"化"这两个不同的词，最早的搭配使用于《周易·贲卦·象传》中："观乎天文，以察时变；观乎人文，以化成天下。"[1]"文"在这里是"条理"的意思，"化"是"教化"，"人文化成"于是就最早诠释了什么是"文化"。将"文""化"二字合起来使用最早是在西汉刘向的《说苑·指武》中："圣人之治天下也，先文德而后武力。凡武之兴，为不服也，文化不改，然后加诛。"[2]这里所提到的"文"显然是与"武"相对而言的词，主要体现的是"文治"与"教化"的意涵。我们现在所提出的"文化"概念，是日本人对西方词语翻译使用而来，目前就"文化"一词，国内外学术界所下的定义已达上百种之多。康德认为："文化是人作为有理性的实体为了一定的目的而进行的有效的创造。在一个有理性的存在者里面，产生一种达到任何自行抉择的目的的能力，从而也就产生一种使一个存在者自由抉择其目的之能力的就是文化。因之我们关于人类有理由来以之归于自然的最终目的只能是文化。"[3]由于"观念"一词在哲学领域指一切客观事物汇集人头脑后产生的总体印象，所以中国传统文化概念认为"观念"与"形"有很深的联系，有了"形"才会有"神"的存在，"形"与"神"两者和二为一文化就有了"神形兼备"的完整概念。总之，这种"统之有宗，会之有元"的文化观念在各家思想争辩中达到了前所未有的高度，发展出对社会、对人生、对生命的认识与感悟，广泛持久、从上至下地深入人们的思想、渗透于社会生活的各个层面，以至于这种在生活轨迹中代代相传的思想理念被统治阶层在衣冠服制的定制时尊为蓝本，通过服饰礼仪的

---

〔1〕郭彧译注：《周易·贲卦·象传》，中华书局，2006年，第116页。

〔2〕〔西汉〕刘向撰：《说苑校证》，向宗鲁校点，中华书局，1987年。

〔3〕〔德〕康德著、韦卓民译：《判断力批判》，商务印书馆，1987年，第95页。

方式相互联系、绵延传承，并最终成为汉服形制构成的重要指导依据，引领着汉服文化不断丰富、不断拓展，为中国"衣冠王国"的称誉填上了厚重的一笔。

（一）诸子服饰观

春秋战国时期社会关系的变动、私有制的发展使固有的礼乐之制被打破，人们的思想空前开放，创造力受到了极大的激发，涌现出一批家门学派不同的文士，他们各引一端、崇其所善，形成了"百家争鸣"的局面。对于衣冠服饰方面的探讨，众学派各抒己见，宣扬自己的理论观点。服饰的功能不但成为人们"章身之具"的礼仪标尺，更是思想家们表达人生哲理的工具，这种思想理念一直贯穿于汉服文化，并对其形制的变化发展起到了非常深远的影响。

1.儒家

儒家是崇尚衣冠尊礼的学派，其创始人为孔子，代表人物是孟子、荀子。他们对服饰观点的阐明在中国古代形成了绝对的主导观念，成为汉服几千年历史发展的思想依据。

孔子（公元前551—公元前479），名丘，字仲尼，儒家学说的创始人。他非常重视服饰穿着的外在表现形式，认为衣冠服饰要有贵贱之分不能随意超越等级违反礼制。《论语·泰伯》记载了孔子对夏禹的称颂："恶衣服而美乎黻冕。""黻"是用皮革制成的蔽膝；"冕"祭祀时戴的帽子。这句话是说夏禹平时在穿着方面不重视，衣冠服饰很简朴，但遇到祭祀这种重要场合，却将服饰穿得非常华美。从这样的赞誉中可以看出孔子注重的服饰美是建立在衣冠服饰于典章制度、礼节仪容中的社会职能是否规范之基础上的[1]。《论语·卫灵公》载："颜渊问为邦。子曰：'行夏之时，乘殷之辂，服周之冕，乐则

---

〔1〕《论语·泰伯第八》（诸子集成），中华书局，1954年，第169页。

韶舞[1]。孔子认为，戴周朝的礼冠，恢复礼乐制度是治理国家的重要政治方略，强调了孔子严格规范服饰的合"礼"功能，既服饰所表现出的社会政治功能。《论语·雍也》中孔子说："质胜文则野，文胜质则史。文质彬彬，然后君子。"也就是说：质朴多于文采就会显得粗野，文采多于质朴就会流于浮华。文彩与质朴搭配适中，才能成为君子[2]。在这里，孔子提出了做人的标准，礼是文，仁义是质，二者兼具，可谓君子[3]。《论语·子罕》载："子曰：'麻冕，礼也；今也纯，俭，吾从众。'"[4] 由于当时制作麻冕用的麻布费工费力不如丝料俭省，因此孔子遵循节俭的原则改变礼仪要求，说明孔子在有关个人修养的问题上言行的一致，提倡外形与内在的联系，不仅针对别人，自己也严格遵守。《论语·颜渊》载："棘子城曰：'君子质而已矣，何以文为？'子贡曰：'惜乎，夫子之说君子也！驷不及舌。文犹质也，质犹文也。虎豹之鞟犹犬羊之鞟。'"[5] 这段文字记叙了棘子城认为，君子只要质朴就行了，没必要注重外在的形式，孔子的学生子贡针对这一说法提出，本质和文彩同样重要，如果离开了文采的修饰，虎豹和犬就没有区别了。虽然这一观点的推理方式过于牵强，但确表明儒家学派对于服饰形象外在表现的重要思想观念。《荀子·子道篇》载："子路盛服见孔子"，孔子批评他说："今女衣服既盛，颜色充盈，天下且孰肯谏女矣？"于是："子路趋而出，改服而人，盖犹若也。"[6] 这则故事说明孔子虽然重视服饰之美，但更加提倡着装适度。孔子不仅在思想上引导人们的着装规范，其逢衣章甫的服饰形象引领着中国士大夫广袖长袍、额冠高耸的造型样式，给汉服外形

〔1〕《论语·卫灵公第十五》（诸子集成），中华书局，1954 年。

〔2〕《论语·雍也第六》（诸子集成），中华书局，1954 年。

〔3〕陈高华等：《中国服饰通史》，宁波出版社，2002 年，第 95 页。

〔4〕《论语·子罕第九》（诸子集成），中华书局，1954 年。

〔5〕《论语·颜渊第十二》（诸子集成），中华书局，1954 年。

〔6〕《荀子·子道篇第二十九》（诸子集成），中华书局，1954 年。

特征的形成带来了深远的影响。

孟子（约公元前372—公元前289），名轲，字子舆或子车、子居，儒家学说的代表人物之一。在继承孔子学术思想的基础上提出了"浩然正气"的文化观念与人格精神，表现在服饰方面就体现为强调在隆重庄严礼仪场合服饰的郑重典雅。《孟子·离娄下》载："西子蒙不洁，则人皆掩鼻而过之。虽有恶人，斋戒沐浴，则可以祀上帝。"[1]意思是说西施固然是美女，但要是一身污秽，衣冠不整，人们经过她的身旁时也要捂住鼻子；有人尽管本身素质低下、形象丑陋，但经过心灵的净化与外形的修饰也可以去参加祭祀上帝这种隆重的活动。可以看出，孟子在注重外部形象的同时，也强调内在修养的统一。此外，据《孟子·滕文公上》[2]的记载还能够了解孟子强调实行社会分工的主张，对服饰的生产发展起到了积极的作用。

荀子（约公元前313—公元前238），名况，字卿，儒家学说的代表人物之一。认为"衣欲有文绣"，"然而穷年累世不知不足，是人之情也"[3]，认为社会安定、生活富裕是人们追求服饰好恶的人之常情。"有礼则和节，不由礼则触陷"[4]也体现了荀子顺应"礼"制的服饰观念。《荀子·富国篇》更进一步阐述了服饰的合"礼"性，"礼者，贵贱有等，长幼有差，贫富轻重皆有称者也。故天子朱裷衣冕，诸侯玄裷衣冕。大夫裨冕，士皮弁服。"强调重要场合所使用的服饰必须要有身份的尊卑贵贱，这一观点的提出，对后世汉服的形制确立产生了较大的影响。

此外，"君子以玉比德"也体现了儒家对服饰的重视，由于本书会有专门的章节论述相关内容，在此不再赘述。

---

〔1〕金良年撰：《孟子·离娄下》（十三经译注），上海古籍出版社，2004年。
〔2〕金良年撰：《孟子·滕文公上》（十三经译注），上海古籍出版社，2004年。
〔3〕《荀子·荣辱篇第四》（诸子集成），中华书局，1954年。
〔4〕《荀子·修身篇第一》（诸子集成），中华书局，1954年。

2. 墨家

墨家是战国时期与儒家并称"显学"的又一重要学派，强调"节用"与"非乐"的服饰观。墨子（约公元前478—公元前392），即墨翟，墨家创始人。其"衣必常暖，然后求丽""先质而后文"的服饰思想[1]，与儒家重视服饰美的观念截然不同。墨子认为衣服能满足人们正常的生活要求如遮羞、护体、保暖就已经达到了其功能需求，没有必要再去强化它的其他功能。在《墨子·辞过》中又进一步强调了在衣服上不要浪费，追求华服会给国家带来混乱的观念："故圣人为衣服，适身体、和肌肤而足矣，非荣耳目而观愚民也。""当今之主，其为衣服……冬则轻暖，夏则轻清，皆已具矣，必厚作敛于百姓，暴夺民衣食之财，以为锦绣文采靡曼之衣，铸金以为钩上，珠玉以为佩，女工作文采，男工作刻镂，以为身服。此非云益暖之情也。单财劳力，毕归之于无用也。以此观之，其为衣服，非为身体，皆为观好。"因此："君实欲天下之治，而恶其乱，当为衣服，不可不节。"[2]虽然墨子主张节俭、反对浪费的观念有一定的积极意义，但把文、质对立，反对服饰审美的追求，强调爱美乱国的观点却太显片面过于主观。这与墨子手工业者的出身不无关系，这种将服饰的实用功能和审美价值完全对立的思想观念使服饰仅停留在基础水平线上停滞不前，极大地阻碍了服饰文化发展，脱离了服饰美的价值轨迹。

3. 道家

道家是战国时期的重要学派之一，也称道德家，其创始人为老子。听其自然、无为而为、不治而治是道家的重要思想。

有关老子的生平已难考正，司马迁著《史记·老子列传》，说老

---

[1]《墨子·佚文》（诸子集成），中华书局，1954年。
[2]《墨子卷一·辞过第六》（诸子集成），中华书局，1954年。

子姓李氏，名耳，字聃[1]。老子认为："圣人被褐怀玉。"[2] 也就是说：圣人从表面看很谦和而质朴，如同穿着破旧衣服外形粗陋的下人，但却有着无比宽广的胸怀，内心如宝玉一样高贵明亮。这种"被褐怀玉"的文化观念与儒家"以玉比德"的服饰观如出一辙，但儒家的"玉"是具象的外形佩玉，认为君子的德行要与之匹配，而道家强调的是不加修饰、朴拙的内心之"玉"，表达了老子注重内在文化修养与深邃的内在气质，否定重视衣冠服饰外在装饰的作用，这种服饰思想对后世产生了很大的影响，从魏晋文士的着装形象就可见一斑。老子说："服文采，带利剑，厌饮食，货财有余，是谓盗竽，非道也哉！"[3] "五色令人目盲；五音令人耳聋；五味令人口爽；驰骋田猎令人心发狂；难得之货令人行妨。"[4] 这些思想观点都表达了其胸怀志向、不好华服的主张。从老子"小国寡民，使民有什伯之器而不用，使民重死而不远徙。虽有舟舆，无所乘之，虽有甲兵，无所陈之，使民复结绳而用之。甘其食，美其服，安其居，乐其俗。邻国相望，鸡犬之声相闻，民至老死不相往来"的思想中我们也可以了解到老子提倡的外在表现形式是一种消极、有碍服饰发展与进步的文化观念。他崇尚不加雕琢、自然粗陋的穿着效果，反对一切服饰的艺术加工，使服饰停留在最为基本的初级使用阶段。笔者认为这一观点是不利于服饰创新与发展的，如果只维持其基本功能而忽略和反对服饰艺术美的表现形式，就会使服饰文化停滞不前，阻碍服饰艺术生命的延续。

　　道家的代表人物庄子（约公元前369—公元前286），名周，字子休。庄子："五色乱目，令目不明"的观点继承了老子思想中的

---

〔1〕司马迁著：《史记·老子列传》（二十五史），上海古籍出版社，2004年。
〔2〕老子：《道德经·七十》，中华书局，1989年。
〔3〕老子：《道德经·五十二》，中华书局，1989年。
〔4〕老子：《道德经·十二》，中华书局，1989年。

消极部分[1]，但其也有积极的一面，从下面这几则故事就可以反映出来：

《庄子·田子方》[2]

庄子见鲁哀公。哀公曰："鲁多儒士，少为先生方者。"庄子曰："鲁少儒。"哀公曰："举鲁国而儒服，何谓少乎？"庄子曰："周闻之，儒者冠圆冠者，知天时；履句屦者，知地形；缓佩玦者，事至而断。君子有其道者，未必服其服也；为其服者，未必知其道也。公固以为不然，何不号于国中曰：'无此道而为此服者，其罪死！'于是哀公号之五日，而鲁国无敢儒服者，独有一丈夫儒服而立乎公门。公既召而问以国事，千转万变而不穷。庄子曰："以鲁国而儒服一人，可谓多乎？"

《庄子·山水》[3]

庄子穿着一件上下打了补丁的粗布衣，用麻绳当系带的鞋子去见魏王。魏王看了后说："何先生之惫邪？"庄子反驳道："贫也，非惫也。士有道德不能行，惫也；衣敝履穿，贫也，非惫也。此所谓非遭时也。"

《庄子·让王》[4]

曾子居卫，缊袍无表，颜色肿哙，手足胼胝。三日不举火，十年不制衣，正冠而缨绝，捉衿而肘见，纳履而踵决。曳绁而歌商颂，声满天地，若出金石。天子不得臣，诸侯不得友，故养志者忘形，养形者忘利，致道者忘心矣。

从这些都可以看出庄子"衣褐怀玉"注重内在修养淡泊外表修饰的服饰思想，他认为追求服饰的华美无异于给自己套上了坚固的枷

---

[1]《庄子·天地第十二》（诸子集成），中华书局，1954年。
[2]《庄子·田子方第二十一》（诸子集成），中华书局，1954年。
[3]《庄子·山水第二十》（诸子集成），中华书局，1954年。
[4]《庄子·让王第二十八》（诸子集成），中华书局，1954年。

锁。《庄子·至乐》中说，天下之"所乐者，身安厚味美服好色音声也。……所苦者，身不得安逸，口不得厚味，形不得美服，目不得好色，耳不得音声。若不得者，则大忧以惧，其为形也亦愚哉。"[1] 这种观点反映出庄子自由随意、有悖礼教的服饰观念，这种思想传至后世，被"庙堂""山野"的文士以道袍的穿着形式表达诠释（图1-6）[2]。

图1-6　隐士或道人生活
唐代金银平文琴琴首纹样
日本正仓院藏

4. 法家

先秦时期的重要学派之一，也称法术之士或法士，是以管仲、子产为先驱，李悝、商鞅、申不害、慎到为代表，韩非为大成的学派。法家推崇极端专制的治国手段，因此在服饰观上同出一辙，表现出与其他学派毅然迥异的文化观念。《韩非子·五蠹》云："今为众人法，而以上智之所难知，则民无从识之矣。故糟糠不饱者不务粱肉，短褐不完者不待文绣。"又"是故乱国之俗，其学者则称先王之道，以籍仁义，盛容服而饰卫辩说，以疑当世之法而贰人主之心"[3]。强调了法家以统治者夺取和掌握政权为重，认为衣服外形之艺术美是一种伪装形态不需要重视与注意，笔者认为，这种服饰观念是对艺术美的漠然与忽视，是不可取的。从《韩非子·外储说左上》列举的事例："齐桓公好服紫！一国尽服紫。……邹君好服长缨，左右

---

〔1〕《庄子·至乐第十八》（诸子集成），中华书局，1954年。

〔2〕道袍又名直缀，是一种家居常用的袍服，斜领大袖，四周镶边的服饰。既是在朝者的便服，也是隐居山林者的常服。

〔3〕陈奇猷校注：《韩非子》卷十九《五蠹第四十九》，中华书局，1958年。

皆服长缨，缨甚贵。"[1] 又可以反映出法家宣扬权势统治的功利思想，强调统治者喜好带动服饰流行的社会功能，剥夺了广大民众向往美好事物、渴求艺术审美的权利。另外，法家"好质而恶饰"的服饰观，将"饰"与"质"割裂开来，对服饰艺术的美学价值有很大的阻碍，完全使内在本质和外在形式对立起来，这种服饰观念存在了很大的狭隘性与弊病，从某些方面看延缓了汉服的发展和创新[2]。

综上所述，先秦时期各家各派的思想观念和服饰理论丰富了衣冠的穿着形式，打破了周礼稳固不变的服饰标杆。从汉武帝的罢黜百家开始，使推崇周礼的儒学思想在此后的两千余年中独树一帜成为封建社会统治者强化政权、完善政治思想的精神总纲，为汉服形制的确立与发展奠定了无可替代的作用。

（二）宗教意识影响

世界上无论哪一个国家人类文化的开端都可以看到宗教的痕迹，从对自然现象的恐惧到对人生的疑惑，人们在原始崇拜的平台上搭建了人为创造的宗教，这种宗教意识影响同时也是引导汉服形制变化发展的又一因素。"到目前为止，在世界上还没有发现哪一个国家、哪一个民族没有宗教。一种宗教所创造的文化成果，只要它是有价值的，它就不属于这一个宗教所有，而是人类共同的财富"[3]。中国古代，道教与佛教是对汉民族文化影响最广、渗透最深的宗教，与儒家思想并存形成了儒、释、道三足鼎立的局面。

1. 道教

道教源起于东汉末年，在南北朝时期成为中国主要宗教流派之

〔1〕陈奇猷校注：《韩非子》卷十二《外储说左上第三十二》，中华书局，1958年。
〔2〕陈奇猷校注：《韩非子》卷六《解老第二十》，中华书局，1958年。
〔3〕诸葛铠：转引自《文明的轮回——中国服饰文化的历程》，中国纺织出版社，2007年，第169页。

一，是在中华民族文化中形成的本土宗教，包括道家学说、神仙方术、谶纬之学等多层面的文化内容，"杂而多端"是其思想发展的渊源。道教追求人人平等的社会状态与崇尚超俗脱凡的思想境界，使其在民间的地位不断加强巩固，又由于"长生不死""羽化成仙"的宗教旨意，更产生了上达皇室权臣下至贫民百姓广泛的尊崇。唐高宗、中宗时期，道教的地位都排在其他宗教前列，之后一段时间佛教地位又提高排在道教之上，直至睿宗以后儒、释、道三家不分先后、同时并举被正式以诏书形式确定下来。

道服也叫"道衣"，起源于汉末年太平道首领张角对黄老之学的崇尚，故道教服饰尚黄，黄色五行为土，土居中位，对应黄帝。自唐代黄色成为天子专用服色后，至今道士常服改为玄色。《搜神记》中载："灵帝中平元年而张角起，置三十六方，徒众数十万，故天下号曰'黄巾贼'。至今道服由此而兴。"道教来自于中国传统文化，与汉族人民有着息息相关的联系，因此对汉服的服饰样式、色彩以及纹饰都有很大影响[1]。

道巾，是道士的首服，有混元巾、九梁巾、纯阳巾、太极巾、绛陌头、绛绡头、荷叶巾、靠山巾、方山巾、唐巾、一字巾、雷巾等样式，这些样式常被世人服用并成为一种社会风尚。

五代前蜀王衍奉崇道教，继承王位后将王宫建造成道观的样式并让宫女内侍穿成道士的模样，可见其对道教的信奉已经到了盲目迷信的状态。据《旧五代史·僭伪》载："秋九月，衍奉其母徐妃同游于青城山，驻于上清宫，时宫人皆衣道服，顶金莲花冠，衣画云霞，望之若神仙，及侍晏，酒酣，皆免冠而退，则其髽然（按：髽为妇人服丧的发髻）。"[2]

---

〔1〕〔晋〕干宝：《搜神记》卷六，中华书局，1989 年。

〔2〕诸葛铠：转引自《文明的轮回——中国服饰文化的历程》，中国纺织出版社，2007 年，第 173 页。

宋代多位皇帝信奉道教，宋徽宗被金人俘获后就常以服道袍、戴逍遥巾的道家打扮聊以自慰度过余生。

明代的皇帝从太祖到世宗都信奉道教，孝宗时更以道士崔志瑞为礼部尚书，斋醮时内宫后妃也身穿道服以示崇敬。《松窗梦语》卷五载："时举清醮，以为祈天永命之事，上亦躬服其衣冠，后妃宫嫔皆羽衣黄冠，诵法符咒，无问昼夜寒暑。"[1]这种极度的崇尚也在诸王、百官之中大肆渗透，有的直接穿道服上朝为官，更有甚者还因过度投入而被废之事发生。上既如此下必效之，明代男女通常的汉服中有许多样式都与道教文化有关，如"直裰"，又称"直掇"，其形制、用料、涉色均与道服素布为料、对襟大袖、衣缘黑边的服饰特色相似。道袍，听其名就可以通晓此乃释道之服，元明时期一些士庶男子根据季节的变化选用白、灰、褐等素色绸缎制成大襟、交领大袖的长袍，燕居、访友、释道服用，盛行一时，直到"曳撒"在明末大肆流行，道袍才逐步退出服用舞台。明代女子崇尚缠足，其弓鞋多以木质为底，木底在外的通常叫"外高底"，木底在内的一般叫"里高底"，因与道冠相似，也称"道士冠"。我们可以从许多的传世作品中看到相关形象，其真实再现和反映了道教文化对汉服的影响。

2. 佛教

佛教是约公元前2世纪由印度沿丝绸之路传入我国的宗教派系。传入初期人们对其了解浮浅、不明本质内涵，国家曾颁布法令规定汉人不得出家，以至于佛教仅在上层社会的极少数人中流传。由于魏晋南北朝时期社会动荡、民不聊生，佛教宣扬的"生死轮回""佛祖救世"以及"众生平等"的佛教思想，从上至下受到人们的追崇，迅速在中国的土地上传播开来，为中国的传统文化注入了丰富深厚的内容，对中国人的思维方式、道德理念、文化艺术、生活习俗等

---

〔1〕〔明〕陈洪谟 张瀚撰：《松窗梦语》（元明史料笔记），中华书局，2007年。

各个方面都产生了很大的影响，极大地推动了汉服的造型及纹饰的兴盛发展，使其具备了"畅神"与"写意"的美学价值。

在上述谈到的"直裰"，也称"直掇"。据宋代赵彦卫《云麓漫钞》谓："古之中衣，既今僧寺行者直掇。"是道士、僧侣的服装，受宗教意识的吸引宋代男子日常家居也频繁使用。

"水田衣"，是明代女子广泛流行的服装，由僧侣服饰移位

图1-7 水田衣
选自《中国古代服饰研究》

设计产生变化而来，其设计灵感来自于僧人服用的袈裟，它一反传统汉服的制作规律，将各色面积相近的碎布按袈裟的形式相拼连缀制成服饰，如水田般纵横交错故得此名。这一名称在唐代就已出现，但主要还是针对僧侣袈裟的称呼，起初只是为祈求平安富贵从各家各户讨要碎布为小孩缝制"百家衣"或"百家被"，明末清初才逐步开始在世俗女子中风靡。当代，一些国际大牌也常采用这一再造模式进行服饰的设计运用，在许多的成衣展示和梯台走秀中都可以看到（图1-7）。

宗教意识不仅对汉服形制变化发展起到一定的作用外，而且对汉服纹饰的影响也非常广泛。"宝相花"是非常典型的佛教代表性图案，其原型为象征佛祖的莲花，应了庄严肃穆之佛的宝相故而得名。"八宝"，又称"八吉祥"，是密宗的八种吉祥物，元代初年由喇嘛教传入，一般在佛案上供奉，象征佛家所宣扬的佛法心境。这些图案后来在汉服的纺织面料、饰物中得到了广泛应用，其中的"盘长"纹流传甚广，不仅古人喜爱今世仍被众商家采用分播到各个需求领

域。除此之外，为了表达对道教八仙的崇敬，人们更是将各仙所持法器进行艺术加工，抽象变化为福寿、吉祥的"暗八仙"纹样，至今还能在一些建筑、面料中得以使用。道教所追崇的"四方神兽""芝仙祝寿""王母八仙"等题材也被人们争相选用，以绘画、刺绣、织造等形式表现在汉服上。此外，还有"太极纹""八卦纹""杂宝纹"等图案，它们均各自表达独特的寓意、共同谱写出汉服美丽的篇章（图1-8）。

图1-8　宝相花 唐代红地花鸟纹锦

选自《中国服饰通史》

（三）民族文化融合

汉服形制的发展及变化与民族文化融合有着极为密切的联系，从上一节的内容我们已经知道汉族是在华夏诸族的基础上形成的强大民族，其他族群被称之为"夷狄"。他们之间最大的形象划分是以华夏服装右衽、束发椎髻，夷狄服装左衽、被头髡发作为区别，这种状态一直延续，尤其是服装左右衽的不同成为中华民族服饰史上汉服与胡服最大的差别之一。孔子曰："夷狄入中国，则中国之；中国入夷狄，则夷狄之。"[1] 这种强调民族文化融合的思想一直以来都是整个中华民族世代相传的价值观与民族观，正是由于不断吸收和融合了其他民族服饰文化的优点及特色，汉服形制的丰富变化才得

---

〔1〕转引自刘芳：《坚守与嬗变：汉民族服饰文化的变迁特征》，《装饰》2005年10月·总第150期，第29页。

以空间的拓展及时间的延续。从赵武灵王"胡服骑射"中国服饰史中第一次服饰文化融合开始；经过了汉代丝绸之路开辟所带来异域文化气息；魏晋南北朝北方少数民族迁徙所造成的大规模民族交融；唐代海上丝绸之路的开辟与宽松社会环境造成外来文化兼收并蓄的开放思想；以及胡汉民族之间战争、和亲、通商等因素，经历数千年时光的冲刷相互取长补短、交融吸收构成了汉服文化内容丰富、气势恢宏的形象。一方面由于民族文化之间的相互吸收丰富了汉服的文化形式与内涵，但另一方面也体现出在民族文化产生冲突时就会给汉服的发展带来阻滞与危机。从 10 世纪契丹、女真相继占领汉族地区统治汉人禁止汉服文化发展开始，经历了清代"剃发易服"政令的阻碍，最终在外国异族坚船利炮的攻势下，汉服逐渐消失在人们的视线之中。

第三节 汉服制度与中国传统思想

《易·系辞》载："黄帝、尧、舜垂衣服而治天下。"[1] 可以看出中国自古就有用服饰治理天下的传统文化思想，其主要的目的就是以服饰划分人群区别阶层，达到上下有别、尊卑有序、华夷有分的政治秩序和社会环境。由于受到衣冠服制的制约，汉服的穿着方式、审美标准、价值观念等方面的因素都受到了多范围的阻碍。虽然每个朝代都会根据自己的政治理念与思想方式规定衣冠服制，但在服饰应用的内在意义上却有着共同的一致——"合礼性"。如果服饰穿着合乎"礼"的要求就会被世人接受和认可；相反，如果服饰穿着不合乎"礼"性就会被世人唾之、弃之，更有甚者在中国历史中因

---

〔1〕郭彧译注：《周易·系辞下》，中华书局，2006 年。

为不合乎"礼"制逾越思想道德底线而违反穿衣戴帽规范被刺杀身亡之事屡见不鲜。《说文解字》载:"礼,履也,所以事神致福也。"注:"礼之言履,谓履而行之也。礼之名起于事神,引申为凡礼仪之称。"[1] 最早将"礼"以"履"来说的记载是在《周易·履卦·象传》中:"上天下泽,履。君子以辨上下,定民志。"孔颖达注:"天尊在上,泽卑处下,君子法此履卦之象,以分辨上下尊卑,以定正民之志意,使尊卑有序也。"又:"若以二卦上下之象言之,则履,礼也,在下以礼承事于上。"[2] 可见,"礼"是上下尊卑有序的行为准则,借统治者政治权利的倡导与民众思想观念的共识,"礼"赋予了权贵、宗族、男子无限的权威与尊贵,这种以是否合"礼"为主要内容的社会认识是构成了中国传统文化的重要特色之一。因此,中国传统思想是凌驾于汉服制度之上的思想指导总纲,汉服文化的穿着理念及内涵与中国传统文化思想有着密不可分的关系,他们相辅相成,共同描绘出中国服饰斑斓华彩的长卷。

一　汉服的身份标志

"礼"是君王维护政权、治国御民的政治手段,因此汉服在历朝历代的制定中都伴随有一整套完备的礼仪制度。"领袖"一词在汉语中是指衣服领子与衣服的袖子,因为中国古代服饰早期注重帝王及权贵领与袖的装饰,由此"领袖"一词就引申为首领、带头者等领导人的别称,并一直延续至今。这种以服饰分尊卑、明贵贱、正名分的衣冠服制,正是汉服制度最能体现服用者身份地位的标识。据《周礼·地官·大司徒》载:"以仪辨等,则民不越。"注曰:"宫室、车

---

〔1〕〔东汉〕许慎撰、段玉裁注:《说文解字》,上海古籍出版社,1981年,第1页。
〔2〕郭彧译注:《周易·履卦·象传》,中华书局,2006年。

旗、衣服之仪，有上下之等。"[1]《论语·子路》中子路问孔子："'卫君待子而为政，子将奚先？'子曰：'必也正名乎！'"并强调："名不正，则言不顺；言不顺，则事不成；事不成，则礼乐不兴；礼乐不兴，则刑罚不中，刑罚不中，则民无所措手足。"[2] 由于服饰在阶级社会中不仅仅是人们生活中的日常用品，它已经被统治者们擢升为"贵贱有级，服位有等"的身份标志[3]，所以历代服制法令都要求臣民必须严格遵守不得逾越，违反者轻则削职、重则杀头。《易·系辞上》载："天尊地卑，乾坤定矣；卑高以陈，贵贱位矣。"以汉服明身份就是通过服饰的形制、色彩、纹饰等方面的因素来标识人的尊卑贵贱，从而达到明确社会地位、维持等级秩序、保证礼法制度、巩固统治地位等方面内容的完善。

中国古代"只重衣服不重人"，历朝历代汉服衣冠服制的建立都将各群体、各阶层人民的服饰明确划分，详细制定出一系列能表明其身份的外在表现形式，从而引申出许多以服饰作为称谓代指某一阶层的别称，如"黄袍"代指君王、"乌纱"代指官员、"簪缨"代指显贵、"缙绅"代指官宦、"布衣""褐衣"代指贫民等等，用这种不平等的服饰穿着形态昭示服用者贵族与平民、上级与下级、尊贵与卑贱的社会地位，区别他们在社会环境中不同的任职方向以及通过所展现的身份强调各自要遵守的阶层与本质内涵。所谓"衣锦还乡"的思想观就是将服饰与社会地位划为了等号，正体现了中国人将衣冠服饰作为身份地位飞黄腾达的标志，这种思想意识直到今天仍然根深蒂固地根植于现代人的心中。

　通常上层社会的汉服种类繁多，有礼服、朝服、常服等，而其

---

〔1〕　杨天宇：《周礼·地官·大司徒》（十三经译注），上海古籍出版社，2004 年。

〔2〕　《论语·子路第十三》（诸子集成），中华书局，1954 年。

〔3〕　贾谊：《贾谊集·新书》卷一《服疑》，上海人民出版社，1976 年。

中有的种类又派生出许多品种，每一品种又根据不同的社会用途被穿服者选用。如礼服，也叫祭服，是王公贵臣祭祀大典所服用的吉服，祭祀先王用衮冕、祭祀先公用鷩冕，服用者在穿着时绝对不能出错，否则会招来众人的指责。《左传·僖公二十四年》载春秋时期郑国人子臧不按身份着衣而"好聚鹬冠"，于是郑文公就派人把他骗至陈宋之间诱杀身亡。可见，如果不按服制规定服用自己喜爱的服饰，在古代异常注重身份、等级的社会大环境下，甚至会招来杀身之祸。虽然汉服的形制庞杂，品类变化丰富，有上下分开不连缀的样式、也有统一整体的袍服形式，但服用者只能依据其身份地位以及服用场合在服制规定允许的情况下，选择自己喜爱的装束。而下层平民的汉服无论色彩、纹饰、用料还是做工都无法与贵族汉服相媲美，其形制简单粗陋，多以短小衣式（也称"裋服""短服"）为主，唯一可以服用的礼服"深衣"也是贵族平常闲居服用最多的"常服"。首服形制就服用者的社会地位也有明显划分，一般情况贵族首服士人以上带冠。冠在汉服中的地位格外突出，服用者将其戴于头部不为御寒保暖，纯粹作为身份地位的象征。其中最为尊贵的是祭祀时服用的冕冠，这种首服自南北朝以后成为天子专用形式，其他人不得服用，"冠冕堂皇"这一成语也许就是从这里产生而来的吧。相比之下贫民只能戴巾，秦代为合其"德色"，头巾多以黑色为主，故贫民百姓也被称之为"黔首"[1]。汉代奴仆多用深青色头巾，排在黑巾之下，故有"苍头"别称。而地位最为低下者服用绿色头巾有侮辱与贬低之意，表示服用者身份的卑微与低贱，这种习俗延续甚广，至今男子头饰仍不以绿色为选择对象。汉代以后上层社会的"贵人"为体现儒雅有识的形象，也常有服用冠巾者，但庶民首服则只能用

---

〔1〕秦代尚黑，故黑色是秦代的德色。

巾，绝不能戴冠，必须遵守上下有别、尊卑有序的身份地位，这就表明了中国古代阶级社会上可兼下、下不越上的典型社会形态。上层社会尊贵者汉服的色彩华美、艳丽，多取自"五色"系统之"正色"色系，同时"间色"色系之色彩亦可服用[1]。但身份卑微的庶民服饰色彩只能取"间色"色系，或麻布本色，不能用"正色"色彩来修饰衣服，这在历朝历代的舆服志中均有明确禁令。有关汉服色彩的内容在第三章汉服美与美术相关篇章中进行了详细分析，此处不再进一步阐述。上层社会服用者对于汉服的面料选用精美，多以丝绸织物、狐裘鹿皮为主，其纹饰绣绘讲究、细腻，做工严紧、精良。相比之下，下层人民汉服的用料多以麻布、粗毛为主，其做工简单，甚至很少加装任何纹饰。这些方面的内容在历代统治者制定的服饰规定中都可见一斑，以明代洪武年衣冠服制禁令为例：洪武六年（1373）规定，王公贵族、职官可享用锦绣、纻丝、绫罗等服饰面料；庶民百姓只能用绸、素纱面料；商人只能用绢、布面料。洪武二十三年（1390）规定，文官衣长自领至裔，离地一寸，袖长过手，复回至肘，袖柱广一尺，袖口九寸，公侯、驸马与之相同；儒生、生员：衣服尺寸与文官同，衣袖稍短，过手复回，不及肘三寸；庶民：衣长离地五寸，袖长过手六寸，袖柱广一尺，袖口五寸。洪武二十二年（1389）规定，文武官员遇雨天可戴雨帽，公差外出可戴帽子，入城则不许；将军、力士、校尉、旗军平常只能戴头巾，或"榼脑"；官下舍人、儒生、吏员、平姓平时只能戴本等头巾；农夫可戴斗笠、蒲笠出入市井，不从事农业者不许[2]。参见表1-2：

---

〔1〕"五正色"是：青、赤、黄、白、黑，"五间色"是绿、红、流黄、缥、紫。

〔2〕〔清〕张廷玉等撰：《明史》卷六十五《舆服志第四十三》，中华书局，1975年。

汉服论

表 1-2 明洪武年服饰等级制度规定：

品类	时间	内 容
面料	洪武六年（1373）	王公贵族、职官：可享用锦绣、纻丝、绫罗等服饰面料[1]。
		庶民百姓：只能用绸、素纱面料。
		商人：只能用绢、布面料。
样式	洪武六年（1373）	职官：乌纱帽、圆领袍、腰束带、黑靴。在此基础上又以袍上所绣动物区分品级[2]。
		阴阳、医学等技艺之流：有冠带。
		教官：无冠带（冠服与士人未入仕者相同）。洪武二十五（1392）规定教官上任均赐衣服，"使之所重"。洪武二十六年（1393）诏曰："给学校训导冠带"。
	洪武五年（1372）	二月规定文武官员命妇服饰包括大衣、霞帔，以霞帔上金绣纹饰区分命妇等第。民间妇女礼服只能用素染色，不能用纹绣。
		九月又规定命妇礼服为圆衫，红罗料，上绣重雉区别等第[3]。
		闺中女子：二十而笄，其服饰一概为三小髻，金叉珠头巾，穿窄袖褙子。
		乐工：戴青色"卍"字巾，系红、绿两色帛带。
		乐妓：戴名角冠，穿皂色褙子。
	洪武二十一年（1388）	乐妓：禁止再戴冠，穿褙子。

［1］《明太祖实录卷八一》，洪武六年夏四月癸巳条载：一品、二品官用杂色文绮、绫罗、彩绣、帽顶、帽玉用玉；三品至五品官，用杂色文绮、绫罗，帽顶用金、帽珠除玉外，其他可以随意使用；六品至九品官，用杂色文绮、绫罗，帽顶用银，帽珠用玛瑙、水晶、香木；庶民百姓用绸、绢、纱、布，巾环不许用金、玉、玛瑙、珊瑚、琥珀等作为饰物；掾史、令史、书吏、宣使、奏差等杂职，凡是未入流的官员所用均与庶民相同，帽不用顶，帽珠可以用水银、香木；校尉束带、幞头、靴鞋，雕刻杂花象牙绦环，其余与庶民同。

［2］除在袍上绣动物区分品级外，尚有两项特殊规定：1.从一品到六品的职官，可以穿四爪龙图案服色，并用金绣制。2.勋戚之家，只有合法继承爵位的嫡长子一人可以用纱帽束带，即用文官服色，其余只能用武官品级服色。

［3］《明太祖实录》卷七六，洪武五年九月己丑条规定："命妇礼服一品九等，二品八等，三品七等，四品六等，五品五等，六品四等，七品三等，其余则不用绣雉。"

72

品类	时间	内容
样式	洪武二十四年（1391）	生员：软巾，腰系垂带，着襕衫（玉色绢布、宽袖、皂色缘、皂色绦）。
		监生：青袍，遮阳帽。
		命妇：礼服样式又一次改变[4]。
	洪武三十年（1397）	令史、典吏均戴"吏巾"。
尺寸	洪武二十三年（1390）	文官：衣长自领至裔，离地一寸，袖长过手，复回至肘，袖柱广一尺，袖口九寸。
		公侯、驸马：与文官相同。
		耆民、儒生、生员：衣服尺寸与文官同，衣袖稍短，过手复回，不及肘三寸。
		庶民：衣长离地五寸，袖长过手六寸，袖柱广一尺，袖口五寸。
		武职：衣长离地五寸，袖长过手七寸，袖柱广一尺，袖口仅出拳。
		军人：衣长离地七寸，袖长过手五寸，袖柱广不过一尺，窄不过七寸袖口，袖口仅出拳。
色彩	洪武十四年（1381）	服色所尚赤色，官员服色以赤色为尊，规定玄、黄、紫三色为皇家专用，官吏、军民服装均不许用此三色。
巾帽	洪武二十二年（1389）	文武官员：遇雨天可戴雨帽，公差外出可戴帽子，入城则不许。
		将军、力士、校尉、旗军：平常只能戴头巾，或"楂脑"。
		官下舍人、儒生、吏员、平姓：平时只能戴本等头巾。
		农夫：可戴斗笠、蒲笠出入市井，不从事农业者不许。
靴	洪武二十五年（1392）	文武百官并同籍父兄、伯叔、弟侄、子婿、儒士、生员、吏典、知印、承差、钦天监文生、太医院医士、瑜伽僧人、正一教道士、将军、散骑舍人、带刀之人、正伍马军、马军总小旗、教读《大诰》师生等可以穿靴，出外则不许。其他庶民百姓，不许穿用，只能穿用"皮札鞡"。

[4]洪武二十四年规定："公、侯、伯命妇与一品命妇相同，穿大袖衫，用真红色，金绣云霞翟纹，冠金饰；二品至五品，纻、丝、绫、罗随意使用，其中二品命妇金绣云霞翟纹，三品，四品，金绣云霞孔雀纹，五品绣云霞鸳鸯纹，二品至四品冠用金，五品至九品冠用抹金银饰；六品至九品，绫、罗、绸、绢随意使用，霞帔，褙子，均用深青色缎匹。《明会典》卷六一《命妇冠服》，中华书局，1989年。

通过上述范例可以看出，上层和下层之间的等级通过汉服的外在表现形式就能够明晰分辨，其社会地位的差异是绝不允许混淆逾越的。受"重农抑商"思想的影响，即使拥有大量财富而没有社会地位的从商之人，其服饰依然会受到限制。汉高祖刘邦统治时期规定："贾人毋得衣锦、绣、绮、縠、绨、纻、罽。"[1] 明代学者何孟春在《余冬序录摘抄·内外篇》依据明代对商贾服饰的限制，有这样的描述："今制农民之家但有一人为商贾者，亦不许着绸、纱……国家于此亦寓'重农抑末'之意。"[2] 可见，在以农为本的中国古代社会，商人尽管富甲一方但其社会地位却远不如农民高贵，衣冠服饰的穿用甚至比其他经济并不宽裕的人受到的限制与禁止更为繁多。

从"尊"与"卑"的服饰对比中可以一目了然地区分上下所属，这种表现形式其实在贵族上层社会中也依然存在，这主要是要表明高贵者的等级秩序。前面已经提到的祭服，除了根据不同的祭祀对象而派生出了许多的服饰种类，它们的形制各不相同。虽然同为王公大臣的礼服，可又会根据服用者的身份地位来抉择穿着哪一各层次的服饰。如天子冕冠用十二旒，其他官员就根据职官身份的高低依次递减公九旒、侯伯七旒、子男五旒等按规定选择合适自己品级的冕冠。自隋唐之际确定天子服色专用黄色以来，无论职官高低还是皇室宗族均不可服用，各尊贵者只能依据本等阶层来选用服饰色彩。另外从汉代开始一直到隋唐都是以官员冠帽上的梁数来明示职官品级，地位越高其头上的冠帽梁数就越多，如魏晋南北朝时期冠服规定："进贤冠"为文冠主要冠饰，五梁为皇帝平常所戴，使用范围似远游冠，三梁是三公及乡、亭侯以上有封爵者所戴，二梁是诸卿、大夫、尚书、刺史、郡国守相、博士及关中、关内侯等所戴，低级

---

〔1〕《汉书·高帝纪》，中华书局，2007年。

〔2〕转引自霍仲滨：《洗尽铅华·服饰文化与成语》，首都师范大学出版社，2006年，第181页。

文职官吏戴一梁[1]。唐代冠服规定："三师、三公、太子三师·三少、五等爵、尚书省、秘书省、诸寺监学、太子詹事府、三寺及散官、亲王师·友、文学、国官等流内九品以上服用。三品以上三梁，五品以上二梁，九品以上一梁。"[2] 此外，用佩饰明确等级也是阶级社会标示服用者身份的重要依据，如秦汉是以佩绶的色彩划分品级；唐代以是否佩戴鱼袋以及制作材质来展现次第。以服饰明确身份的方式影响甚广，到了清代少数民族掌握政权以后仍然以这种方式表明服用者的身份高低与地位品第。由此可见，用汉服不同的款型、色彩来明示身份的做法，成为封建社会维护社会安定，巩固国家政权的重要手段之一。

二　礼制掌控下的"女德"之服

中国古代是以农业文明为基础的经济模式，男子是社会以及家庭生产资料的主要供给者，于是以男权为核心的生活方式应运而生，女子只能依附于父、夫、子处于在社会上没有独立地位，在经济上没有自主权力的从属状态。此外，受儒家礼教思想的影响，用"三纲五常"与"三从四德"对妇女进行管束和压制，并以此作为评判女子优劣的唯一标准，妇女在社会生活中的一切举止言行、服饰穿着都要以男子为中心，服从之、取悦之，这就形成了"女德"的重要思想与行为准则[3]。于是，在阶级社会男子压迫、歧视妇女成为中国古代典型社会格局之一，即使贵为皇室成员的女子也无一例外地必须遵循这一原则。

---

〔1〕〔唐〕房玄龄：《晋书》卷一五《舆服志》，中华书局，1997年。

〔2〕〔宋〕欧阳修、宋祁撰：《新唐书》卷二十四《车服志第十四》，中华书局，1975年。

〔3〕"三从四德"：其中"三从"为未嫁从父，既嫁从夫，夫死从子。"四德"为妇德、妇言、妇容、妇功。苏兴撰、钟哲点校：《春秋繁露·基义五十三》（新编诸子集成），中华书局，1992年，第350页。

（一）"节操"在汉服中的体现

节操，在中国古代社会被强调为与生命等同的头等大事，无论身份贵贱、地位高低，它都是恒定每一个良家女子行为举止的标尺，堪称女子最高德行，并常常与服饰相联系成为"女德"最直接的表现形式之一。上节提到，命妇最为尊贵的礼服"六服"均采用衣裳连属、上下不分、彩不异色的袍服形式，这种服饰制度的产生正寓意着男子对妇女节操的重视。同时，这种服饰样式的认可，也体现

图1-9 步摇安徽合肥
南唐墓出土金镶玉步摇

了妇女本身尊崇专一不变、从一而终"女德"思想的根深蒂固。为了使妇女的"节操"更进一步的得到完善表达，人们在服饰上下足功夫，从头到脚设计制作出限制妇女行为举止的特殊样式，从方方面面充分强调对"女德"之重视。例如："步摇"，一种古代女子首服中普遍使用的头饰，上面垂有珠串，随着步幅的移动而来回摇摆，故此得名。据《释名·释首饰》载："步摇，上有垂珠，步则动摇也。"[1]这种首饰除其本身的装饰功能外，还是评判女子行走移动是否符合规矩的行为标尺，如果垂珠摆动幅度太大就说明举止行为不规范，反之就属于合乎"礼制"（图1-9）。"百褶裙"与"步摇"有着异曲同工的作用，裙褶的摆动变化与垂珠相同也是用来恒定妇女行为节操的标准。更有甚者，在南宋时期朱熹还专门设计制作出一种在弓鞋下加装木质材料的"木头履"，使妇女行走时发出清脆的声响，用以防止其与人私奔，起到监视的作用。

---

〔1〕〔汉〕刘熙：《释名·释首饰第十五》，中华书局，2008年，第160页。

（二）"拥蔽其面"而绝人欲

在服装上束缚、掩盖形象是中国古代限制妇女行动、强调女子德行的有力手段之一，与西方社会服装注重强调人体曲线美的审美理念不同，中国汉服的形制一直延续平面裁剪的状态，无论气候多么炎热，都以三重衣示人，不准裸露肌肤、彰显曲线，即使是必须需要裸露的颜面部分也要遮盖起来。《礼记·内则》载："不有敬事，不敢袒裼。不涉不撅。亵衣衾，不见里。……女子出门，必拥蔽其面……"意思是说，没有重要的事，不能脱衣露臂；不是涉水就不能掀起衣服；内衣和被子不能把里子露出来；女子出门必须要将颜面遮盖[1]。"面衣"，又称"面巾"，是中国古代女子出外最早用以遮面的首服，周代就已产生，秦汉妇女承袭古制依然服用。据《西京杂记》载，汉成帝立赵飞燕为后，其女弟昭仪赠予的礼品中就有"金华紫罗面衣"[2]。宋高承在《事物纪原》中也有相应记载[3]。汉代普通贫民女子所用"面衣"相对就简单许多，没有华贵装饰，仅用尺寸宽大的布帛蒙于头部用以遮面，又称"大巾""巨巾"，又因其布幅宽大如同妇女"蔽膝"，故也有这一称谓。此后，"面衣"在魏晋南北朝时期逐步被"幂䍦"所替代，到隋末唐初以此装束骑马出行成为女子争相追崇的服饰时尚。"幂䍦"，也作："幂篱"，一般用黑色纱罗为料，上覆于顶，下垂于背，全身障蔽，是少数民族无论男女用以骑马抵挡风沙而从头到脚遮盖身体的一种面衣。传入中原后，除其挡风蔽尘的基本功能外，其包裹全身的着装形势被迅速纳入到"女德"范畴，成为汉族女子"拥蔽其面"甚至"全身障蔽"的专属物，

---

〔1〕《礼记·内侧》（十三经译注），上海古籍出版社，2004 年。

〔2〕〔晋〕葛洪集、成林、程章灿译注：《中国历代名著全译丛书·西京杂记全译》，贵州人民出版社，1993 年，第 40 页。

〔3〕《事物纪原》三《冠冕首饰帏帽》："又有面衣，前后全用紫罗为幅下垂，杂他色为四带，垂于背，为女子远行乘马之用，亦曰面帽。"

图 1-10 帷帽 选自
〔唐〕《关山行旅图》

图 1-11 戴帷帽露面的妇女
选自《中国服饰通史》

男子从此不再服用 [1]。由于唐代政治、经济、文化的发展，思想意识得到了全面的开放，唐高宗永徽（650—655）之后，"幂䍦"逐步被"拖裙到颈，渐为浅露"的"帷帽"所代替（图 1-10）。从传世唐画《关山行旅图》中的人物形象我们可以看出，"帷帽"是一种四周绛纱网帷垂于颈部，并可向两边后掠露出颜面的帽子。随着唐代女子服饰审美观念的创新，一种更为开放的首服——"胡帽"以其"靓装露面，无复遮蔽"的新型形式取代"帷帽"而成为唐代妇女争相追捧的流行风尚（图 1-11）。

《旧唐书·舆服志》：

"武德、贞观之时，宫人骑马者，依齐、隋旧制，多着幂䍦，虽发自戎夷，而全身障蔽，不欲途路窥之。王公之家，亦同此制。永徽之后，皆用帷帽，拖裙到颈，渐为浅露，寻下敕禁断，初虽暂息，旋又仍旧。咸亨二年又下敕曰：'百官家口，成预士流，至于衢路之间，岂可全无障蔽。比来多著帷帽，遂弃幂䍦。……递相仿效，浸成风俗，

---

〔1〕高春明先生在《中华服饰名物考》中认为"幂䍦"仅为一种较长的首服，不是"全身障蔽"的形态。高春明：《中华服饰名物考》，上海文化出版社，2001 年，第 297 页。由于至今没有形象资料参考，因此笔者依然遵照文献所提供资料将其划定为"全身障蔽"。

图1-12 戴盖头宋代女佣 四川广汉出土

过为轻率，深失礼容。前者已令渐改，如闻犹未止息。……此并乖于仪式，理须禁断，自今已后，勿使更然。'则天之后，帷帽人行，幂䍦渐息。中宗即位，宫禁松弛，公私妇人，无复幂䍦之制。"又"开元初，从驾宫人骑马者，皆着胡帽，靓妆露面，无复障蔽，士庶之家，又相仿效，帷帽之制，绝不行用。俄又露髻驰骋，或有著丈夫衣服靴衫，而尊卑内外，斯一贯矣"[1]。

　　从"幂䍦"到"胡帽"历经了几百年的变化，这与唐代政治稳定、经济繁荣、对外开放的社会风气不无联系，但妇女终究逃不出男权社会的从属地位，从宋代"盖头"成为封建礼教约束妇女行为"拥蔽其面"的"面衣"开始，直到新中国成立前，女子的命运一直操纵在别人手中得不到自由。宋代的"盖头"通常有三种形式，一种类似于风帽，由隋唐"帏帽"变化而来；另一种是妇女日常闲居在家包裹头部的包巾；第三种则是女子新婚时遮挡头部的红色帛巾。从周代产生、秦汉流行的"面衣"到宋代出现的"盖头"可以看出，虽然它们产生年代、所用场合均不相同，但却有着共同的一致性，就是男权社会压迫、限制妇女"拥蔽其面"而绝人欲的用途（图1-12）。

---

〔1〕〔晋〕刘昫：《旧唐书》卷四十五《舆服志》，中华书局，1999年。

（三）"弓鞋"之血泪

受礼教文化根深蒂固的影响，女子的审美意识也随之改变，完全抛弃自我沦为男性审美的附庸，男子的喜好成为女子审美理念的"中轴"，她们围绕着这一终极点不停地变换着自己的造型，由此引出了"女为悦己者容"的名句。"弓鞋"的产生正是男尊女卑社会现象的缩影，为了满足男子近乎于病态的审美心理，女子流着血泪缠裹自己的双足，打造出广为男性怜爱的纤纤"香莲"，并以其神、质、形的状态作为评判女性美的主要标准，分出超品、上品、中品、下品以及劣品。这种由封建礼教给妇女带来的残害，形成了迄今为止异常罕见的"弓鞋"血泪史。"弓鞋"又称"莲鞋"。女子在四五岁时用狭长的布紧裹足部，使足底内凹陷呈"弓"形，为配合脚形故莲底内弯如弓而得名。有关弓鞋的起源说法繁杂，有的说源于商纣王妃子妲己害怕暴露没有变好的狐蹄用布包裹，引发宫女纷纷效仿而来；也有的说是来自于汉成帝皇后赵飞燕、汉桓帝皇后梁莹、隋代萧后的双足都是纤小如莲；另外也有说是源于齐东昏侯潘贵妃的"步步生莲花"；以及流传甚广的南唐后主窈娘以帛缠足在金莲台上翩翩起舞优雅身姿引发而来，但无论哪种说法最终可靠，但相互一致地认为"弓鞋"源于宫室，流于民间。"弓鞋"的影响甚广，直到20世纪80年代还可以看到裹着小脚的老年妇女形象，以残害女子身体取悦男性的行为是体现妇女社会地位低下的充分反映，是封建礼教禁锢妇女权利最为直接的表现。

三 "服妖"不祥的文化现象

中国有着悠久的历史与深厚的文化积淀，强调礼仪制度、推崇伦理道德是中国传统文化思想之精髓。寻本溯源，从周王"制礼作乐"开始，"礼"无所不在贯穿于社会生活的方方面面，于是就构建出"尊卑有序、上下有别"的汉服制度。人们必须在合乎礼制这一范畴之中美化和装饰自己，否则就会被冠以"服妖"，轻则受罚遭人咒骂，重则更会招来杀身之祸。最早出现"服妖"一词的记载是在《尚书大传·洪范五行传》之中："貌之不恭，是为不肃，厥咎狂，厥罚常雨，厥极恶，时则有服妖。"[1]《汉书》卷二七《五行志中》将"服妖"解释为："风俗狂慢，变节易度，则为剽轻奇怪之服，故有服妖。"[2] 由此，可以看见"服妖"是在阴阳五行"木失其性"非理性附会基础上建立起来的，是中国古代对不符合礼制奇装异服的称谓，人们将此视为天下兴亡、社会变革的征兆对其加以约束及限制，有着明显的压制性与歧视性。虽然历朝历代在礼仪服制中对"服妖"都有非常严格和明确的规定，不合礼制的"奇装异服"被纳入明令禁止的范围之内，但各式"服妖"却"每不受禁"屡见不鲜地频频在中国历史中出现。如：春秋时期郑国人子臧因为身着"新奇"服饰而招来杀身之祸；曹魏著名玄学家何晏因为"好服妇人服"违反了"男女不通衣裳"的规定，被认为是"服妖"最终诛杀。通过这些事例分析，笔者认为这与古代严格的服制规定有着密切联系。统治阶级制定的"别等级，分贵贱"的衣冠服制，使国人的服饰形象形成了按阶层、依身份统一包装、整体设计的穿着模式，这种强调雷同性和谐美的服饰观念无形中压制了人们追求独特个性、崇尚美好事物的审美需求，割裂了服饰美给社会生活所带来的价值。然而，一些敢于超越传统、追求反差美的"时尚"人士率先逾越这一禁区，突破礼制的枷锁，成为非传统性服饰样式"服妖"产生的重要因素。

流行时尚（FASHION），它是以社会政治经济、文化艺术、科学技术等因素为背景的具有时代特征的社会心理反应，是随着时代的潮流、社会的风尚而不断变化时髦、新潮的事物。流行的服饰通常

---

〔1〕《尚书大传·洪范五行传》，中华书局，1975 年。

〔2〕《汉书》卷二七《五行志中》，中华书局，2007 年。

汉
服
论

是超越常规的，其样式穿戴、色彩纹饰也与一般的传统模式有很大区别，"服妖"就是中国古代服饰打破传统,反对一成不变的流行时尚。东汉时期大将军梁冀的夫人孙寿是带动流行时尚的典型。据《后汉书》卷一零三《五行志一》载：

桓帝元嘉中,京都妇女作愁眉、啼妆、堕马髻、折要步、龋齿笑。所谓愁眉者,细而曲折。啼妆者,薄拭目下,若啼处。堕马髻者,作一边。折要步者,足不在体下。龋齿笑者,若齿痛,乐不欣欣。始自大将军梁冀家所为,京都歙然,诸夏皆仿效。此近服妖也……[1]

孙寿的时尚装扮带给了追求新奇女性一种前所未有的审美体验,使那些原本正襟危坐、平凡往复的妇女形象变得生动妩媚起来。这种纤柔娇弱一反常规的媚态一经出现,马上引起京城妇女的仿效,成为迄今为止仍被服装界引用的"流行"实例典范。然而,这种与现实社会传统礼教大相径庭的服饰形象却被灾异论者冠以"服妖"之名,认为"服妖"是不祥之兆。

阴阳五行家认为,"服妖"是引发灾祸、预示凶兆极为不吉的行为,并往往将其表象附会于某件事情,大肆宣扬逾越服制、不合礼法所带来的祸事。汉桓帝延熹时期,妇女流行穿一种漆绘五彩系带木屐,灾异论者认为此为"服妖",应了延熹九年发生的党锢事件,李膺等两百余人均被"九族俱系","长少妇女皆被桎梏"的木屐之灾。据《晋书·五行志》载：

初作屐者,妇人头圆,男子头方。圆者顺之义,所以别男女也。至太康初,妇人屐乃头方,与男无别。此贾后专妒之徵也。……旧为屐者,齿皆达楄上,名曰露卯。太元申忽不彻,名曰阴卯。识者以为卯,谋也,必有阴谋之事。至烈宗末,骠骑参军袁悦之始揽搆内外,隆安中遂谋诈相倾,以致大乱[2]。

---

〔1〕《后汉书》卷一〇三《五行志一》,中华书局,2004年。
〔2〕〔唐〕房玄龄:《晋书·五行志上》,中华书局,1997年。

82

这是一个因为鞋型变化而引发的"服妖"灾祸。"露卯"与"阴卯"本身只是代表鞋屐的样式,但因为"阴卯"与"阴谋"发音相似,故被冠以"服妖"之名,预示烈宗末年的大乱。

佩戴琉璃珠饰是宋代女子流行的服饰样式,但灾异论者认为"琉璃"与"流离"发音相同,有"服妖"不祥的亡国征兆,此后宋人连年的流离之苦正应了这一事端所带来的祸端。

据《桯史·宣和服妖》载:

宣和之季,京师士庶竞以鹅黄为腰围谓之腰上黄;妇人便服不施襟纽,束身短制,谓之不制襟。始自宫掖,未几而通国皆服之。明年,徽宗内禅,称上黄竟有青城之邀,而金虏乱华,卒于不能制也,斯亦服妖之比与[1]。

宣和年间的妇女喜爱将便服的前衣襟敞开,不系带纽故称"不制襟","腰上黄"是妇女普遍服用的一种黄色腹围,"腰"通"邀","上黄"暗指太上皇宋徽宗。此种"服妖"正应了徽宗内禅,"青城之邀",金兵南下两帝被掠而不能制金(襟)的凶兆。此时还流行一种名为"错到底"的女鞋,其鞋底尖为两色合制而成,因名称寓意不祥而被喻为"服妖"。

北宋初年由贵族妇女带动引发民间女子效仿的"白角冠梳",日趋奢华、夸张盛极一时,但由于其华盛的造型与封建礼教的衣冠服制以及审美理念大相径庭,因此被喻为"服妖"逐渐消失。这种反对过分铺张浪费的主张从某一个角度看是完全正确的,但如果从艺术发展的角度去审视可能又存在一定的局限性。

除服饰形制在中国历史中有"服妖"之称外,汉服的色彩以及纹饰如果运用不当也会与"服妖"不详相联系。据《晋书·五行志》载:

魏武帝以天下凶荒,资财乏匮,始拟古皮弁,裁缣帛为白帢,以易旧服。傅玄曰:"白乃军容,非国容也。"干宝以为"缟素,凶

〔1〕〔宋〕岳珂:《桯史》卷第四《宣和服妖》,中华书局,1981年。

丧之象也。名之为帢，毁辱之言也。盖代革之后，劫杀之妖也"[1]。

　　魏武帝曹操所带"白帢"原本是为节俭而改革创新的一种冠帽，但由于其外观接近丧服故被喻为"服妖"。此后，《隋书·五行志》也记载有因为服用丧服之白色而"服妖"不详的事例：陈后主号令宫人以白越布折额，状如髽帼；又为白盖。此二者，丧祸之服也。后主果为周武帝所灭，父子同时被害。可见，代表丧事之白色在中国古代要专事专用，如果逾越就会被称为"服妖"随之带来灾祸。

　　北宋靖康年间服饰织物上流行一种名为"一年景"的图案，灾异论者认为靖康纪元只有一年光景正是由于此种纹饰所带来的"服妖"不祥之故。

　　"服妖"的灾异之说延续广泛，直至20世纪30年代沿海妇女流行袒臂露腿的服饰样式仍被认为是"服妖"而遭到强烈制止和谴责。由此可见，虽然"服妖"不祥的现象自始至终都是保守人士强烈反对和禁止的行为。但经过如此长久的时间冲刷、经历了如此巨大的观念压力都没能使其消失在中国汉服宏伟壮大的历史舞台之上，这足以证明人们追求完美、渴望新生的审美理念无论经历多么大的艰难历程都不会磨灭，对美的热爱与崇尚根深蒂固地深植在国人心中，循环往复引领着汉服在世界服饰之林绽放出光芒夺目的异彩。

　　综上所述，汉服从最初的形成到不断的壮大发展都与中国传统文化与历史有着密不可分的联系。在博大精深的传统文化背景下建立起来的汉服制度，通过深厚的文化积淀呈现出异常完备的服制体系与极具特色的礼仪文明。这正是中国传统文化在汉服中所反映出的文化精髓再现，它不仅经历数千年演化而稳固不变使汉族人民世代承袭，更使其他民族的人民神往追随，形成了自己一套独特的文化理念，在整个中华民族服饰发展史中独树一帜，为世界服饰发展谱写出美丽的篇章。

第二章
汉服品类与形制

汉服作为汉民族传承下的主流服饰，不仅是中国历史各时期政治、经济、人文、风俗等诸多状况的反映，也是中国传统文化的复合体。它包含了不同民族、不同流派优秀的文化要素，兼容、吸纳异族异质有益的文化特点，移植整合并再生成为本民族的服饰特色。

汉服的品类是汉服所涉及的各方面相关因素，包括服装与饰物的样式、用料、色彩以及品第的高低等诸方面内容，包罗万象、庞杂多绪。汉服的形制主要是指汉服款型的服制规定，不同的款式有不同的着装要求，任何人不得逾越。

先秦时期服饰制度的确立、服饰品类的完善是构建汉服成长的牢固柱础，为汉服文化的发展架起了坚实的桥梁，给汉服的产生及品类的延承提供了无法替代的有利平台与参考依据。

表 2-1 从跪坐像看夏商服饰样式

名 称	服装样式 （包括头衣、主服）	纹饰	足衣样式
殷墟西北岗 1004.1217 号大墓出土大理石圆雕人像之残右半身男子形象 [1]	大衣领，长度盖臂，右衽，腰束宽带，下身外着裙，长似过膝，呈百褶状。	领口，襟缘，下缘，袖口缘似有刺绣花边，腰带亦有刺绣缘边，裙上也有绣纹。	胫扎裹腿，足穿翘尖此鞋。
殷墟妇好墓出土编号 371 圆雕贵妇玉人 [2]	戴"頍"形冠，冠前有横式筒状卷饰，穿交领窄袖衣，衣长及踝，束宽腰带，腹前悬一过膝条形"蔽膝"。		着鞋，样式不清

―――――――――

〔1〕梁思永、高去寻：《侯家庄第五本 · 1004 号大墓》，中央研究院历史语言研究所，1970 年，第 41 页。

〔2〕中国社会科学院考古研究所编著：《殷墟妇好墓》，文物出版社，1985 年。

名称	服装样式（包括头衣、主服）	纹饰	足衣样式
殷墟妇好墓出土编号372圆雕玉人[1]	窄长袖衣，圆领稍高，衣长及小腿	衣饰蛇纹，云纹	
殷墟妇好墓出土编号375圆雕猴脸玉人[2]	长袖窄口衣，衣襟不显，后领较高，衣下缘垂及臀部	衣领背部饰云纹	
殷墟妇好墓出土编号375圆雕石人[3]	戴圆箍形"頍"，裸体，仅腹前悬一"蔽膝"		
浮雕跪坐侧面人形玉饰（出土地不明）[4]	上衣下裳	遍饰云纹，臀部饰有一个大"⊕"纹，（这是殷墟出土玉石人像上常见纹样，所饰部位也相一致）	
安阳出土圆雕跪坐玉人[5]	头饰中央至背脊臀部有庳棱饰品	遍饰花纹	低帮平底翘头履，似革制。

表2-2 从蹲居像看夏商服饰样式[6]

名称	服装样式（包括头衣、主服）	纹样	足衣
殷墟西北岗1550号墓出土浮雕人形玉饰[7]	头戴高冠，冠顶前高后底呈斜面，冠上镂空，周边有庳棱。		

〔1〕Alfred Salmany:Carved Jade of Ancient China,Berkeley,1938,PL.IX:6

〔2〕《殷墟妇好墓》，中国社会科学院考古研究所编著，文物出版社，1985年。

〔3〕《殷墟妇好墓》，中国社会科学院考古研究所编著，文物出版社，1985年。

〔4〕《中国古代服饰研究》沈从文，商务印书馆香港分馆，1981年，第5页，插图四。

〔5〕Elizsbeth Chilas—Johnson:End Art of Jade Age China:Chinese Jades of Late Neolithic Through How Periods,Throckmorton Fine Art,New York,2001,P.65

〔6〕蹲居：据《说文解字》段注"居"字条引曹宪说："足底着地而下其笒其膝曰蹲。"意思是说曲膝脚掌着地而股不着地。

〔7〕李济：《跪坐蹲居与箕踞》，收入《李济考古学论文选集》，文物出版社，1990年，图五。

名　称	服装样式（包括头衣、主服）	纹　样	足衣
小屯出土浮雕璜形玉人[1]	头戴高冠，冠向后背向下卷，周边有扉棱突出，穿长袖窄袖口衣，下着紧身裤。	遍饰云纹。	跣足
法国布法罗科学博物馆藏殷代浮雕人形玉饰[2]	长袖窄袖口衣，下着紧身裤。	遍饰云纹，臀部有一"⊕"纹。	跣足
美国《古代中国的玉雕》一书著录商代浮雕龙噬人形玉佩[3]	长袖窄袖口衣，下着紧身裤。	遍饰云纹，臀部有一"⊕"纹。	
中国历史博物馆藏浮雕人形玉饰[4]	头戴华冠，冠向后卷，周边有突棱，长袖窄袖口衣，下着紧身裤。	遍饰云纹，臀部有一"⊕"纹。	
加拿大皇家安大略博物馆藏浮雕人形玉饰[5]	头戴华冠，周边有突棱，冠前后作直角式，长袖窄袖口衣，下着紧身裤。	遍饰云纹，臀部有一"⊕"纹。	
殷墟妇好墓出土518号浮雕人形玉饰[6]	冠形前高后底，前面和上侧有扉棱，后侧平滑，冠身不透空。衣着华丽。	遍饰云纹。	

〔1〕石璋如：《殷代头饰举例》，《中央研究院历史语言研究所集刊》28 本下，1957 年，第 635 页。

〔2〕林巳奈夫图：《殷周の"天神"》，1989 年，《古史春秋》第 6 号。

〔3〕Alfred salmony:Carved Jade of Ancient China,PL.XX:3

〔4〕石志廉：《商代人形玉佩饰》，《文物》1960 年第 2 期。

〔5〕Doris J ,Dohrenwerd:chinese Jade in the Royal Ontario Museum,1971,P.53

〔6〕中国社会科学院考古研究所编著：《殷墟妇好墓》，文物出版社，1985 年。

表 2-3 从箕居像看夏商服饰样式 [1]

名称	服装样式（包括头衣.主服）	纹样	足衣
殷墟小屯大连坑出土抱腿石雕人像残块 [2]	直领对襟衣，长袖窄袖口，腹胯间有一兽面纹.	衣饰云纹和目雷纹	足着履
安阳四盘磨出土圆雕石人 [3]	戴圆箍形"頍"直领对襟衣，下着分档裤，腹胯间有一大牛面纹	衣饰云纹和目雷纹	足穿高帮鞋
江西新干大洋洲商代墓出土玉人 [4]	戴鸟形羽冠，冠后拖一链环，臀部及腕部戴环，着羽衣羽裤		跣足

表 2-4 从立像看夏商服饰样式

名称	衣服样式	纹样	足衣
安阳殷墓出土圆雕玉立人 [5]	对襟华饰长袖短衣，束腰，长裤。	花裤及鞋	似用布帛制花鞋
美国哈佛大学福格美术馆藏殷商圆雕石人立像 [6]	戴高巾帽，似用巾帻勒卷头部，绕积至四层高，呈前高广后低卑状，帽顶作斜面形，穿长袍，交领右衽，前襟过膝。后裾齐足，近似"深衣" [7]，下悬斧式"蔽膝"。	素衣	平底无跟圆口履

---

〔1〕箕踞据《说文解字》段注"居"字条引曹宪说："股著席而伸其脚于前，是曰箕踞。"股坐地是箕踞的特征，是贵族间放浪不羁的行为举止，一般不见于社交场合。

〔2〕李济：《跪坐蹲居与箕踞》《李济考古学论文选集》，文物出版社，1990 年，第 945—947 页。

〔3〕李济：《跪坐蹲居与箕踞》《李济考古学论文选集》，文物出版社，1990 年，第 953 页。

〔4〕江西省考古研究所、江西省博物馆、新干县博物馆：《新干商代大墓》，文物出版社 1997 年，第 159 页。

〔5〕Elizsbeth Chilas—Johnson:Enduring Art of Jade Age China:Chinese Jade of Late Neolithic Through Han Periods,Throckmorton Fine Art,New York,2001,P.69

〔6〕梅原末治：《河南安阳遗物的研究》，京都，1944 年。

〔7〕战国至西汉广为流行的"深衣"在商代亦已出现，只是衣装者的社会身份地位此时并不高，主要是中下层社会阶层人士穿用。

名称	衣服样式	纹样	足衣
《古玉精英》收录商代圆雕立人玉器柄[1]	双肩披格子长条巾，交迭胸前作右衽装束，下穿格子条纹长裙，腹下悬斧式"蔽膝"，头戴格子条纹帽冠，冠顶四周有缀物固冠。	格子条纹	
A·Salmony《古代中国的玉雕》著录商代浮雕立式玉人像[2]	对襟长袍，宽长袖，衣长及足。		高帮鞋
殷墟小屯 358 号深窖出土陶俑[3]	圆领窄长袖连袴衣，下摆垂地，腰束索。		跣足

　　经过了"六王毕，四海一"的政治转变，秦始皇"兼收六国车旗服御"，统一了因战国对垒而形成的各国服装差异，推行出一系列对服饰发展有益的政策，创建中国历史上第一个大一统国家，使服装的生产技术水平更进一步得到提高，为汉服奠定了坚实的基础。从而使汉族在汉朝一经确立，就能够以服制体系完备、品种门类丰富、材料工艺考究、色彩纹饰华美的形象出现，并成为汉族人世代传承、异族人学习吸收的服制形式。

　　汉"承秦后，多因其旧"，汉服在西汉初期的衣冠品类多保留了秦代遗风。随着政权的巩固、经济、文化等各方面条件的成熟，人们的着装水平日益提高，汉朝统治者根据礼法制度的要求，将首服、主服、足衣等服饰进行严格规定，建立起一系列符合汉朝国情的服饰制度。同时，丝绸之路的开通使汉服在对外交流、贸易往来的国际交往中成为极具代表中国形象的符号特征。无论汉服的质料、纹饰还是汉服的形制都深深地吸引着他们，给西方社会带去了令人无

---

〔1〕傅忠谟：《古玉精英》，中华书局香港有限公司，1989 年，第 37 页。

〔2〕Alfred Salmony:Carred Jade of Ancient China,Berkeley,1938 年。

〔3〕石璋如：《殷代头饰举例》《中央研究院历史语言研究所集刊》28 本下，1957 年，第 616—617 页。

比震惊的艺术魅力。另外，通过这条"丝路"的连接，域外的服装原料及文化也随之而来，为汉服的发展注入了新鲜血液，使汉服文化踏上了更高的台阶。

目前，社会上的多数人将所谓的"唐装"、旗袍也划分到汉服的体系范围内，并迅猛发展形成了巨大的意识形态圈，影响着人们的思想观念。由此，笔者认为有必要将汉服形制的源流变化进行一番梳理，以便更加明晰、清楚地将其具体形象从现代人的错误认识中剥离出来，为我们更好地了解汉服文化做出绵薄之力。

第一节　首服

首服，也称头衣、元服，先秦时期没有帽子这一名称，"首"为"头"之意，故而首服就成为人们头上服饰的称谓。据《晏子春秋·内篇谏下》载："首服足以修敬。"[1]《仪礼·士冠礼》载："令月吉日始加元服。"郑玄注云："元，首也。"[2]首服包括冠、巾、帽三类，其用途各异：冠，主要用于装饰及示礼巾，主要用于束发；帽，则用于御寒。首服在中国古代衣冠服制中占有极为重要的地位，这一方面取决于人们的认识观念——头是人身体中最为重要的部位而言；另一方面头部是人最先注意到的地方，在这里明示身份品第是最为合适的部位，于是首服就成为人们社会地位、尊贵卑微的身份标志，世代传承固守着自己的职责。

---

〔1〕卢守助撰：《晏子春秋·内篇谏下》，中华书局，1978 年。

〔2〕《仪礼·士冠礼》（十三经译注），上海古籍出版社，2004 年，第 28 页。

一　冠

　　冠，在中国古代对于男子来说有着非常特殊的意义，每一个男性到了 20 岁都要行加冠之礼，表示已经成人。古人戴冠最早是受飞禽、鸟兽冠角魅力的启发，经过不断地发展与演变，到商周时期逐渐完善成形。此后，冠逐步脱离早期人们的装饰目的，到了秦汉时期已作为上流社会男子的首服成为"昭名分、辨等级"的身份标志。魏晋南北朝在沿袭旧制的基础上略有改动，冠型总体由前代前高后低的形式逐步在魏晋时期转平，到了南北朝时期成为前低后高的样式。汉服衣冠服制变革是从隋文帝杨坚时期开始，废除了建华冠、鹖冠、委貌冠、长冠、樊哙冠、却敌冠、却非冠、巧士冠、术民冠等冠服，到了中晚唐时期冠服制度更加简略，衮冕与通天冠也变得不再实用，成为具文。隋唐时期的冠制一方面继承汉族本土的传统形式，而另一方面又经过南北朝的民族融合，从而打开了汉服冠制崭新的一页（图 2-1）。

图 2-1　戴冠、穿窄袖衣佩韦韠的贵族男子（原件现藏于美国哈佛大学弗格美术馆）

　　冠主要由冠圈及冠梁组成，《说文解字》载："冠，絭也。所以絭发，弁冕之緫名也。"[1] 古代人均为长发，戴冠之前先用笄将之固定，用布从前至后绕发际系于头顶，再戴冠将其罩住，系绑冠圈两旁缨带，结于颌下。战国时期车旗异型、服饰异制的状态在秦代得以改善，到了汉代，尤其是东汉王朝建立后，冠制在因袭古制的基础上又加

---

　　〔1〕〔东汉〕许慎撰、〔清〕段玉裁注：《说文解字》，上海古籍出版社，1981年，第 214 页。

以创新，品种类别更加丰富、完善，仅收录于《后汉书·舆服志》的冠名就有十几种之多，为后世冠帽的发展奠定坚实的基础。此后，又经过历朝历代冠式的改制，形成了丰富、完备的品种类别。

冕冠，是古代各种冠帽中最为尊贵的冠饰，是帝王、公侯、卿大夫用于重大祭祀活动的礼冠，使用时有严格的等级制度。据《礼记·王制》载："夏后氏

图 2-2 唐代冕冠选自《名物考》

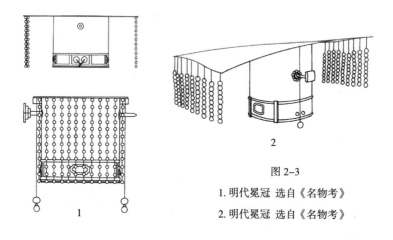

图 2-3
1. 明代冕冠 选自《名物考》
2. 明代冕冠 选自《名物考》

收而祭，燕衣而养老。殷人冔而祭，缟衣而养老。周人冕而祭，玄衣而养老。"[1]可见，夏代就已有此制，但称其为"收"，尚称"冔"，周称"冕"，后又称为"冕冠"。汉代初期祭祀礼冠采用的长冠，到东汉明帝时重新制定冕冠制度，此后世代传承沿用在隋文帝时期加以改进后至明朝灭亡（图 2-3）。如：晋代的冕冠是将綖板置于通天冠之上，称为"平冕"；北周时期宣帝将王权传给太子后将原来的

---

〔1〕《礼记·王制》（十三经译注），上海古籍出版社，2004 年，第 189 页。

十二旒冕冠改为二十四旒冕冠以示区别；唐代以后的纮较之前代更为加长，从綖板之上一直垂挂于胸前，更有甚者一直垂于脚面，称其为"天河带"，并在冠武处加金蝉等装饰（图2-2）；宋代将其称为"平天冠"；直至明代，又恢复旧制去除通天冠将綖板置于冠武之上。冕冠的顶部有一块长约一尺二寸、宽七寸，前圆后方的木板，称为"綖"，代表天圆地方[1]。冕版通常用细布裹裱，上玄下纁，前后两端根据身份地位用五彩丝线编绳穿挂珠串，曰"旒"。据《礼记·玉藻》载："天子玉藻十有二旒，前后邃延，龙卷以祭。"[2] 皇帝冕冠用十二旒，垂白玉珠；三公诸侯七旒，垂青玉珠；卿大夫五旒，垂黑玉珠。商周时期悬挂的旒珠通常采用五彩玉珠，依次以朱、白、青、黄、黑进行色彩排列，到了汉代才开始选用单色玉珠制旒。綖板下部的冠身被称为"武""玄武"或"冠卷"，通常以铁丝、细藤条编结而成，外裱玄色织物。早前的冠是靠冠缨系颌稳固冠身，此时服用者只用将玉笄从冠卷两侧小孔穿出通过发髻将冠身固定于头顶就可以了。虽然冠缨失去了原有的功能，但仍然被保留下来由原来的两条变为一条，从笄端绑系开始绕过下颌将另一端系结于玉笄的尾部，称为"纮"。綖板两侧还垂有五彩丝带为"纩"用以系卦玉珠，名"瑱"或"充耳"，也有悬挂黄色丝棉球的称为"黈纩"，以表示不听谗言。汉刘熙在《释名·释首饰》中有这样的论述："瑱，镇也。悬当耳旁，不欲使人妄听，自镇重也。或曰充耳，充塞其耳，亦所以止听也。"[3] 由此可见"充耳不闻"的成语就是由此而来。

爵弁，是仅次于冕用于士人等低级官吏助君祭祀的礼冠，与冕的形制相似，綖板前小后大、不垂旒珠、无前倾之势，外裱细布，

〔1〕此为汉尺计算长度，每尺约合今0.233米。
〔2〕《礼记·玉藻》（十三经译注），上海古籍出版社，2004年，第399页。
〔3〕〔汉〕刘熙：《释名》卷四《释首饰》，商务印书馆丛书集成初编版，1939年，第75页。

图 2-4 汉代长冠 湖南长沙马王堆 1
号墓出土的木俑 选自《名物考》

赤而微黑，有如雀头之色故得此名，又称"雀弁"。周代就已出现，后一度废除，直至东汉才得以恢复。据《后汉书·舆服志》载："爵弁，一名冕。广八寸，长尺二寸，如爵形，前小后大，缯其上似爵头色，有收持笄，所谓夏收殷冔者也。祠天地、五郊、明堂，《云翘舞》乐人服之。"[1]（图 2-4）此制延续到隋唐成为六至九品官吏助君祭祀的礼冠，宋代之后其制消失。

长冠，是西汉初年祭祀用的礼冠。由于此冠通常以竹皮为骨架，外部裱以漆纚，冠顶的样式扁而细长，是汉高祖刘邦称帝前常戴之冠式，故又称为"刘氏冠""竹皮冠""鹊尾冠"等，后定为公乘以上官员祭祀宗庙礼冠，又叫"斋冠"。晋代沿用其制，但将竹皮改为直接以漆纚制成。由于隋代废除部分冠制，故长冠至此而终，现在我们只能从湖南长沙马王堆汉墓出土的彩衣木俑所戴的冠饰去体会长冠的风采。

通天冠，为天子首服（图 2-5）。原为楚国冠式，秦统一后定制为皇帝专用，于郊祀、明堂、朝贺以及燕会时服用。据《后汉书·舆服志下》载："通天冠，高九寸，正竖，顶少邪却，乃直下为铁卷梁，前有山，展筒为述，乘舆所常服。"[2] 汉代承袭旧名，只在原有基础上用铁丝制成高九寸，顶微

图 2-5 通天冠
选自《中华服饰五千年》

〔1〕《后汉书》三十《舆服志下》，中华书局，2004 年。
〔2〕《后汉书》三十《舆服志下》，中华书局，2004 年。

前倾，直下卷梁，外裱细绢，前加山、述以装饰的样式。所谓"山"，就是冠前圭形装饰，因其状与山型相似，故此得名，唐代以后改为玉蝉。"述"是鹬鸟形饰物，用细布帛制成，由于鹬能知天象，故只有天子可以与之相配用作装饰，其他人不可擅用。之后经过历代传承，通天冠的样式逐步变化，如：晋代在冠前

图 2-6 远游冠选自《三礼图》

加金博山以装饰；南朝宋时在黑介帻之上加冠；隋代在冠前缀蝉及珠翠等装饰；到了唐代变化相对就更大一些，不仅将原本前倾的冠梁变为后仰，更将冠梁增加为二十四条。《新唐书·车服制》云："通天冠者，冬至受朝贺、祭还、燕群臣、养老之服也。二十四梁，附蝉十二，首施珠翠、金博山，黑介帻，组缨翠绥，玉犀簪导。"[1] 宋代将其改名为"承天冠"，冠梁后卷，又叫"卷云冠"，冠顶附珠翠，额加金蝉、博山；元代少数民族统治时期此制依然沿袭，直至明代灭亡最终废除消失。

远游冠，形制与通天冠相似，有展筒而无山述在冠前作装饰。据《后汉书·舆服志下》载："远游冠，制如通天，有展筒横之于前，无山述，诸王所服也。"[2] 直到宋代诸王祭拜山陵依旧服用（图 2-6）。

高山冠，制与通天冠相似，型与远游冠相似，无山述、展筒为饰，冠体侧立，顶不弯卷，故又称为"侧注冠"。《后汉书·舆服志下》载："高山冠一曰侧注。冠制如通天，顶不斜却，直竖，无山题展筒。"[3] 此冠原为战国时齐王首服，秦灭之后赐近臣谒者服用。汉末蔡邕在

〔1〕〔宋〕欧阳修、宋祁撰：《新唐书》卷二十四《车服志第十四》，中华书局，1975 年。

〔2〕《后汉书》卷三十《舆服志下》，中华书局，2004 年。

〔3〕《后汉书》卷三十《舆服志下》，中华书局，2004 年。

《独断》中云："高山冠，齐冠也，一曰侧注。高九寸，铁为卷梁，不展筒，无山。秦制，行人使官所冠。今谒者服之。"[1]魏晋南北朝时期依旧沿用此制，但魏明帝认为此冠与通天冠、远游冠形制太过相似，故将其高度降低，加介帻，帻上加物承山状，令行人、使者等官员使用。隋代更易冠制此冠而终。

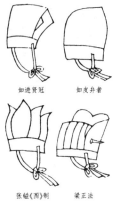

如进贤冠　　　如皮弁者

张镒《图》制　　梁正法

图 2-7　委貌冠 选自《三礼图》

委貌冠，公卿、诸侯、大夫等贵臣用于辟雍行大射礼的礼冠，其形与皮弁相似，高七寸、广四寸，上小下大如覆杯状，以黑丝帛覆裱，又称"玄冠"（图 2-7）[2]。《后汉书·舆服志下》载："行大射礼于辟雍，公卿诸侯大夫行礼者，冠委貌，衣玄端素裳。"[3]唐杜佑《通典·礼志》云："汉制委貌以皂缯为之，形如委毅之貌；上小下大，长七寸，高四寸。前高广，后卑锐，无笄有缨。"[4]服用时将冠缨系于颌下，不用簪导固定，是与玄端素裳相配的首服。据《礼记·郊特牲第十一》载："委貌，周道也；章甫，殷道也；毋追，夏后氏之道也。"[5]委貌冠是商周之际冠式的延续与发展，只是由于朝代的不同而使其在称谓及样式上有所变化，隋代此制消亡。

进贤冠，是文吏、儒士所服用的朝冠。因文职官吏的职责是向朝廷推荐人才，故得此称谓（图 2-8）。冠前高七寸，后高三寸，长八寸，以铁丝为骨架，外裱细纱制成，使用时加在"介帻"之上，形成前高后低，冠前倾斜，后柱垂直的样式。进贤冠最大的特点是

〔1〕〔汉〕蔡邕撰、程荣点校：《独断》，中华书局，1975 年。
〔2〕据《仪礼·士冠礼》："主人玄冠朝服，缁带素韠，既位于门东西面。"郑玄注："玄冠，委貌也"。上海古籍出版社，2004 年，第 2 页。
〔3〕《后汉书》卷三十《舆服志下》，中华书局，2004 年。
〔4〕〔唐〕杜佑：《通典卷三·礼志》，中华书局，2007 年。
〔5〕《礼记·郊特牲第十一》（十三经译注），上海古籍出版社，2004 年。

以冠上梁数区别身份等级，通常有一梁、二梁、三梁之别，其中以三梁最为尊贵，故又有"梁冠"之称。据《后汉书·舆服志》载："进贤冠，古缁布冠也，文儒者之服也。……公侯三梁，中二千石以下至博士两梁，自博士以下至小史私学弟子，皆一梁。宗室刘氏亦两梁冠，示加服也。"[1] 汉代

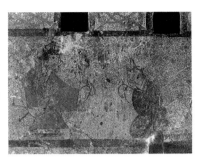

图 2-8 汉代进贤冠图式
山东沂南汉墓出土画像石
选自《名物考》

的进贤冠由尖顶"介帻"与"颜题"组成，以铁丝折成三面，外裱漆缠成为"展筒"。魏晋南北朝时期承袭此制，据《晋书·舆服志》载："进贤冠，有五梁、三梁、二梁、一梁。人主元服，始加缁布，则冠五梁进贤。"[2] 可见，晋时五梁冠式为天子首服。唐代文吏参朝时也用此冠，初期展筒样式如晋代承高直状；中期开始缩小，强调纳言的高大突出，尖角变圆润；晚期展筒与介帻相合，颜题承圆顶并加冠梁，王权贵臣依旧承袭汉制附蝉装饰。宋代进贤冠与前·代比变化很大，用漆布裹表，冠额镂金银额花，冠后有纳言，罗为冠缨系于颌下，簪导贯之，银地涂金冠梁，元丰后出现七梁。明代时又出现八梁。

法冠，高五寸，用缥制展筒，以铁为柱卷，寓意不屈挠之意，为执法者冠用首服。《后汉书·舆服志》载："法冠，一曰柱后冠。高五寸，以缥为展筒，铁柱卷，执法者服之。"[3] 原为楚王冠式，秦灭之赐于执法者，御史、廷尉等也服用，汉承秦制又称其为"御史冠"。由于"獬豸"能辨曲直，别是非，在其头上生有一角，用以抵触邪佞，故亦称

〔1〕《后汉书》三十《舆服志下》，中华书局，2004 年。
〔2〕《晋书卷二十五·舆服志十五》，中华书局，2004 年。
〔3〕《后汉书》三十《舆服志下》，中华书局，2004 年。

图 2-9　戴武冠的汉代侍卫

安徽亳县汉墓出土画像石 选自《名物考》

图 2-10　鹖冠 选自敦煌莫高窟 257

窟北魏壁画

"柱后冠"及"獬豸冠"。

　　武冠，原为赵武灵王所服，秦灭赵即将之赐于近臣，汉承旧制，用于武官首服（图 2-9）。其外形如覆杯，用漆缠制成，细如蝉翼，服用时加于巾帻之上，形制高大有如弁帽，故又称为"大冠""武弁"或"繁冠"。除将军武官外，宦官、近臣也可服用，但须在冠上佩以金珰插卦貂尾以示区别。蔡邕《独断》载："武冠或曰繁冠，今谓之大冠，武官服之。侍中、中常侍加黄金珰附蝉为文，貂尾饰之。"[1]西汉时所用貂尾为赤黑色，王莽时期改用黄色，东汉又变为赤黑色。魏晋南北朝时还在冠两侧插鹖鸟羽作为装饰，故又称为"鹖冠"，为虎贲等宫廷卫士冠用。南朝梁时还将其称为"建冠""笼冠"，直到隋唐百官、侍从出征作战依旧沿用，只是在冠饰上加以区别。明代的武弁已同皮弁相似，但前者为绛色，后者为黑色（图 2-10）。

　　女子冠服在中国汉服历史中名目与形制也异常繁复，有凤冠、角冠、珠冠等，其中凤冠，为太皇太后、皇后祭祀行礼的礼冠，是女子诸多礼冠中最为尊贵的首服。汉代的凤冠一般是在"帼"上连缀、簪插以翡翠为毛羽的凤凰形装饰至于头部。以凤冠为贵的风气蔓延广泛、历代承袭，其形制已变得异常繁复、华丽，直到明代灭亡，

---

〔1〕〔汉〕蔡邕撰、程荣点校：《独断》，中华书局，1975 年。

清代少数民族统治政权，王室后妃参加重要庆典依然冠用。

以上冠式是汉服首服之主流品类，它是在先秦时期冠式基础之上于秦汉时期建立起来的冠制系统，经过历朝历代的发展与变革，为汉服首服的蓬勃发展创造重要条件。历代冠制及品类参见下列图表。

表 2-5 秦代冠制

名称	形制	冠者身份场合	出处
通天冠	高九寸，正竖，顶微弯，直下为铁卷梁，前有山，展筩为述。	天子乘舆常冠	《晋书·舆服志》
高山冠	高九寸，直竖，顶不弯曲，无山述展筩。	近臣谒者所冠	《汉官解诂》云："高山冠，盖齐王冠也，秦灭齐，以其君冠赐近臣谒者服之。"
法冠（又称獬豸冠）	高五寸，以缅为展筩，铁柱卷，楚冠制。	执法近臣御史所冠	《续汉书·舆服志下》《汉书·五行志中之下》
赵惠文冠（又称鵔鸃冠）	以金珰饰首，前插貂尾，色彩绚烂。	侍郎申所冠	《汉官解诂》《续汉书·舆服志下》
武冠（又称大冠，鹖冠）	以青系为缨，加双鹖羽毛竖于左右，平上帻。	武冠所冠	《续汉书·舆服志下》及注引《晋公卿礼秩》

表 2-6 魏晋南北朝冠制

名称	形 制	冠者身份场合	出处
冕冠	广七寸，长尺二寸，前圆后方，朱绿里，玄上，前垂四寸，后垂三寸，天子系白玉珠为十二旒。	帝王举行大祭祀，大朝仪式时戴用。	《晋书》卷二五《舆服志》
通天冠	高九寸，正竖，顶少斜却，乃直下，铁为卷梁，前有展筩，冠前加金博山述。王公八旒，卿七旒，以组为缨，色如其绶[1]。	天子乘舆常冠。	（同上）

〔1〕通天冠为皇帝朝会时所专用的之冠，冠前加金博山是其最显著的特色，平冕与之有等级上的区别，是王公、卿助祭于郊庙所冠。

名称	形制	冠者身份场合	出处
远游冠	冠形似通天冠，但冠前不加金博山，有展筒横于冠前。	为皇帝平时冠饰，主要为太子及王公所冠[1]。	（同上）
进贤冠	前高7寸，后高3寸，长8寸，等级差别体现在冠上梁的多少，有五梁，三梁，二梁，一梁之分。	为文冠主要冠饰，五梁为皇帝平常所戴，使用范围似远游冠，三梁是三公及乡、亭侯以上有封爵者所戴，二梁是诸卿、大夫、尚书、刺史、郡国守相、博士及关中、关内侯等所戴，低级文职官吏戴一梁。	（同上）
高山冠	形状与通天冠相似，没有进博山及展筒等饰品，高度也降低，加介帻，帻上加物以象山。	谒者，仆射等官员使用。	（同上）
法冠（又称柱后冠及獬豸冠）	高五寸，以缲为展筒，铁柱卷。	执法官使用	（同上）
武冠（又称武弁、大冠、繁冠、建冠、笼冠）	细纱制成，状如覆杯，细如蝉翼，插以貂毛，此外还有在两侧竖插鹖羽的，称为鹖冠。	武官通用冠帽，鹖冠是虎贲等宫廷卫士使用的冠帽。	（同上）
却敌冠、樊哙冠	却敌冠：前高四寸，通长四寸，后高三寸，制似进贤。樊哙冠：广九寸，高七寸，前后出各四寸，制似平冕。	殿门司马卫士使用	（同上）
小冠	无梁，如汉式平巾帻，后部略高，缩小至于头顶。	南北通行，直到隋代文侍依旧冠之。	《宋书·五行志一》，《晋书·舆服志》

〔1〕在文献及出土文物中可以看出也有少数特例，如十六国北燕冯素弗墓出土的嵌玉金冠饰就有金博山，冯素弗是北燕主冯跋的弟弟，地位非常特殊，另外据《梁书》卷八《昭明太子传》记载南朝梁武帝为太子萧统举行冠礼，特别下诏在太子冠上加金博山。

表 2-7 隋唐冕冠冠制对比

| 隋朝冕服制度 | | 唐朝冕服制度[1] | |
名 称	穿着场合	名 称	穿着场合
大裘冕	祀园丘、感帝、封禅、五郊、明堂、雩、蜡服用。	大裘冕	祀天神，地祇服用。
衮冕	宗庙、社稷、藉田、方泽、朝日、夕月、遣将授律、征还饮至、加元服、纳后、正冬受朝、临轩拜爵服。	衮冕	诸祭祀及庙、遣上将、征还、饮至、加元服、纳后、元日受朝服用。
		鷩冕	有事远主服用。
远游冠	拜山陵服用。	毳冕	祭海岳服用。
		绣冕	祭社稷、帝社服用。
		玄冕	蜡祭百神、朝日、夕月服用。
通天冠	元冬飨会，诸祭还服用。	通天冠	诸祭还及冬至，朔日受朝、祭还，宴群臣服用。
武弁	讲武、出征、四时蒐狩、大射、祃、类、宜社、赏祖、罚社、篡严服用。	武弁	讲武、出征、四时蒐狩、大射、祃、类、宜社、罚社、赏祖服用。

---

[1] 此 12 等为武德四年《衣服令》的规定，载籍中另有 13 等（增弁服与翼善冠，去白帢）和 14 等（增缁布冠与皮弁）的说法。参见《中国古舆服论丛》，孙机，文物出版社，1993 年，第 271 页注 3。

续表

隋朝冕服制度		唐朝冕服制度[1]	
名 称	穿着场合	名 称	穿着场合
帻	畋猎豫游服用。	黑介帻	拜陵服用。
弁	视朝听讼服用。	白纱帽	视朝、听讼、宴见宾客服用。
帽	宴接宾客服用。	平巾帻	乘马服用。
白帢	举哀临表服用。	白帢	临大臣丧服用。

表2-8 唐代百官冠制

名称	品级	名称	品级
衮冕	一品服用。	鷩冕	二品服用。
毳冕	三品服用。	绣冕	四品服用。
玄冕	五品服用。	爵弁	九品服用。
远游冠	诸王服用	进贤冠	三师、三公、太子三师·三少、五等爵、尚书省、秘书省、诸寺监学、太子詹事府、三寺及散官、亲王师友、文学、国官等流内九品以上服用。三品以上三梁，五品以上二梁，九品以上一梁。
武弁	武官及门下、中书、殿中、内侍省、天策上将府、诸卫、领军、武侯、监门、领左右太子诸坊、诸率及镇、戍流内九品以上服用。	獬豸冠	左右御史台统内九品以上服用。

104

表 2-9 宋代男子首服品类[1]

名称	冠用职层	品种分类	形制	文献出处
冠	皇帝郊祭、朝贺、宴会之礼冠	通天冠（又称卷云冠、承天冠）[2]	"二十四梁，加金山博，附禅十二，高广各一尺，青表朱里，首施珠翠，黑介帻，组缨翠緌，玉犀簪导。"因其冠式较高，并且形似卷云，故也称"卷云冠"又因是皇帝的礼冠，故又名"承天冠"。	《宋史·舆服志三》，《梦粱录》卷五。
	三公、亲王等显贵之朝冠			《春明退朝录》
	士大夫礼冠，在冠婚、宴君、交际时冠用。	紫檀冠	与紫檀衣相配的四旒冠帽	《宋史·服志四》
		平天冠（又称"平冕"）[3]	以梁数及旒的多少为别"其品官嫡庶子初加，折上巾，公服；再加，二梁冠，朝服；三加，平冕服，若以巾帽、折上巾为三加者，听。"	《宋史·舆服志五》

［1］幞头是宋代服饰中的主要首服，上自帝王，下至文武百官，除重大典礼及朝会外，均可戴之。因此幞头的样式品种繁多有：直脚、局脚、交脚、朝天、顺风、四脚、软脚、花脚、天角、高脚、曲脚、卷脚、弓脚、展脚、牛耳及簪饰等多个样式。由于在正文中已作评述，因此在此表中不再重复。

［2］《宋史》卷一五一《舆服志三》曰："仁宗天圣二年，南郊，礼仪使李维言：'通天冠一字，准敕回避'。诏改承天冠。"中华书局，1975 年。

［3］［宋］洪迈撰：《容斋随笔·三笔》卷二十《平天冠》："祭服之冕，自天子至于下士执事皆服之，特以梁数及旒之多少为别俗谓呼为平天冠，盖指言至尊乃得用。"中华书局，2005 年。

名称	冠用职层	品种分类	形制	文献出处
冠		进贤冠	以漆布制成，冠额上镂金银额花，冠后有纳言，用罗为冠缨，垂于额下而结之。用玳瑁、犀角或角制簪横贯其中。冠上有银地涂金的冠梁，宋初分五梁、三梁、二梁，元丰后又分七梁[1]。	《宋史·舆服志四》
		缁冠	"糊纸为之，武高寸许，广三寸，袤四寸，上为五梁，广如武之袤而长八寸，跨项前后著于武屈其两端各半寸，自内向外，而黑漆之。武之两旁半寸之上窍以受笄。笄以齿骨，凡白物"。	《宋史·舆服志五》《朱子家礼》卷一
	文人士大夫最流行的便冠之一。	道冠（又称道帽）	与现在道冠形制相似。	《宋史·舆服志五》
	鼓吹令，丞所戴。	袴褶冠	与委帽冠形制相似。	《宋史·仪卫志六》
	贵贱通服用作平时的便冠。	小冠	无梁、低短、如汉式平巾帻。	《宋史·舆服志三》
	隐士冠	铁冠	一种用料，做功均简陋的冠，用铁质做成。	《宋史·乐志一士》

[1]《宋史·舆服志四》载："进贤冠以漆布为之，上镂纸为额花，金涂银铜饰，后有纳言。以梁数为差，凡七等以罗为缨结之：第一等七梁，加貂蝉笼巾，貂鼠毛，立笔；第二等无貂蝉笼巾；第三等六梁；第四等五梁，第五等四梁；第六等三梁；第七等二梁。并如旧制服同"。中华书局，1975 年。

名称	冠用职层	品种分类	形制	文献出处
帽		京纱帽	用纱制成，其檐有尖而如杏叶者，后为短檐，才二寸许者。	《宋史·舆服志五》
		笔帽	"庆历以来方服南纱者，又曰翠纱帽者，盖前其顶与檐皆圆故也，久之，又增其身与檐皆抹上竦，俗戏呼为笔帽。"	《麈史》卷上《礼仪》
	文人、士大夫冠用	东坡帽（又称高桶帽、子瞻帽、桶帽、子瞻帽、东坡巾、乌角巾、桶顶帽等）。	相传由北宋苏轼（字东坡）被贬时创制，以乌纱为之，高顶短檐，形似桶样。	《宋史·舆服志五》
	南宋士大夫出行冠用	衫帽	为"修帽护尘之服"，其制是丛过去的帏帽发展而来。	《贵耳集》卷上
	中举者专用帽	羞帽	宋初中举者所专用。	《西湖老人繁胜录·端午节》
	居士、隐士冠用	桐帽	用桐华布制成，质地洁白而不易受污。	《次韵子瞻以红带寄王宣义》[1]
	宫中仪士冠用	锦帽	用锦缎制成的帽子。	《宋史·仪卫志一》

---

〔1〕《全宋诗》卷九八七《黄庭坚九》，北京大学出版社，1995年。

名称	冠用职层	品种分类	形制	文献出处
帽	宫中仪士冠用	花帽	由花罗、彩锦制成的帽子。	
		素帽	以白色素罗制成的帽子。	
		缬帽	以缬花帛制成的帽子。	
		贴金帽	用贴金工艺制成的帽子。	
		鹅帽	用鹅毛装饰帽顶而成的帽子	《宋史·仪卫志六》
	男女老少通用	席帽、裁帽	用藤席为骨架编制的笠帽，前者无纱，后者缀皂纱，可蔽日遮雨。	《事物纪原》[1]
	一般男子便帽	撅耳帽	两侧有耳，可以翻下。	《剑南诗稿》卷八三[2]
	一般男子便帽	暖帽、风帽	保暖御寒之帽称之为暖帽，有用毡及裘毛皮制成，风帽则以挡风为主，兼防雨御寒。	《事物纪原》
笠	一般平民男子冠用	斗笠	顶部隆起如斗。	《西湖老人繁胜录》
		伞笠	形状如雨伞。	《忘怀录·附带杂物》
		小花笠	南方少数民族流行的一种斗笠。	《岭外代答》

〔1〕〔宋〕高承：《事物纪原》卷三《冠冕首饰部·席帽》，中华书局，1985 年。

〔2〕钱仲联校注本：《剑南诗稿》卷一《百余里逐抵雁翅浦》，上海古籍出版社，1985 年，第 83 页。

名称	冠用职层	品种分类	形制	文献出处
笠	一般平民男子冠用	蛮笠	西南少数民族所戴。	
		藤笠	用细藤精心编制而成。	
		箬笠	用箬竹的蒻或叶子编制而成，用以遮雨遮阳。	
		竹笠	用细竹编制而成。	《僧史略》卷上
		棕笠	用棕丝编织而成。	
巾	文人士大夫冠用	东坡巾	以黑纱罗制成的有棱角的角巾，角巾又称为垫巾。	《云麓漫钞》卷四[1]
		逍遥巾	因其形制较冠帽便利，裹在头上安然闲适，故得其名。	
		一字巾	在"逍遥巾的基础上发展而来"	
		接䍡	白色头巾。	
		纶巾	多用于儒生。	
		燕尾巾	即云巾，以其裹在头上的形状而得名。	《全宋诗》
		鹔鹴巾	形状如飞燕，士人们常在夏季用以避暑。	
		凉淄巾	以竹丝为骨，如凉帽状，覆以皂纱。	

---

〔1〕〔宋〕赵彦卫：《云麓漫纱》卷四："巾之制，有圆顶、方顶、砖顶、琴顶；秦伯阳又以砖顶服去顶内之重纱，谓之四边净，外又有面袋等，则近于怪矣"。中华书局，1996年，第62页。

名称	冠用职层	品种分类	形制	文献出处
帻	尊卑贵贱皆服之。	岸帻（又称岸巾）	露出前额的头巾。	《事物纪原补》卷三引《纲鉴》
		介帻	尖顶，长耳的包头之巾，通常流行于文吏和下层人士。	

表 2-10 宋代女子冠巾品类

类别	名称	形制
冠	凤冠	最尊贵的冠，后妃在隆重的场合冠用。其形制有：珍珠九翚四凤冠、龙凤花钗冠等。
	九龙花钗冠	皇太后祭祀宗庙所戴礼冠。
	仪天冠	
	玉月冠	贵族女子礼冠，前后均着白玉龙簪，并有体积很大的珠子加以装饰。
	珠冠	贵族女子冠用。
	角冠	妇女礼冠，冠上饰以数把白色角梳，左右、上下相对称，又称白角梳。又因冠饰下垂及肩，故又称垂肩冠、等肩冠。
	花冠	民间女子冠之，用鲜花或像生花制成。
	团冠	贵族年轻女子冠用，初以竹篾为冠骨，后改为白角，形状如团名之。
	鲜肩冠	舞女冠用。
	仙冠	
	玉兔冠	
	宝冠	
	金冠	
	夷冠	来自海外异域之冠。

110

类别	名称	形制
巾	额巾	将帕巾折成条状，绕额一圈，系结于前，在宋代妇女中盛行很广。
	诨裹	教坊女杂技艺人所裹头巾。
	文公兜	南宋妇女常用。
	白巾	少数民族地区非常流行。
盖头		妇女外出时佩戴，形似风帽。
		妇女日常家居佩戴，上覆于顶、下垂于肩。
		女子结婚时盖在头上的红色帛巾。

二 巾

中国古代有身份的戴冠，没身份的裹巾，据《释名·饰首饰》载："巾，谨也。二十成人，士冠，庶人巾。"[1] 因此下层贫民百姓通常将巾覆于发髻，系绑巾角固定于首，作为首服。当然，有的王公贵族为了附庸风雅也常以巾示人，引发巾帻由庶民的首服变为达官贵人的时尚装扮一度流行风靡。由于古代男子均为长发，在戴冠之前首先要用长宽均等被称之为"幅巾"的正方形巾帕束发，无论贵贱通服之。同时，由于女子也常冠用，因此巾在首服中扮演了相当重要的角色。巾，由"頍"演变而来，在商周之际就已出现。如郑注《仪礼·士冠礼》云："未冠笄者著卷帻，頍象之所生也。"[2] 春秋战国时期士兵们大多出身卑微，因为常以青色巾帕裹发，故贫民百姓又有"苍头"之称。秦朝庶民均以黑巾裹发，故又称百姓为"黔首"。据《说

---

〔1〕〔汉〕刘熙：《释名疏正补》卷四，上海古籍出版社，1984年，第236页。

〔2〕《仪礼·士冠礼》（十三经译注），上海古籍出版社，2004年，第7页。"頍"，一种用布条或革带束发用的额箍，史前就已出现。

文解字·黑部》载："黔，黎也。从黑，今声。秦谓民为黔首，谓黑色也。周谓之黎民。"[1] 可见将民众称为"黎民"也与巾帕有很大关联。从东汉开始，巾开始大量被士人服用，有的贵臣还戴巾礼见朝会，直至魏晋南北朝，引发了汉服历史中第一次头巾流行。宋元时期在继承前代的基础上开发设计出许多款式，有以人名而产生的东坡巾；以样式而产生的一字巾；以面料而产生的纱巾、罗巾等，无论天子百官还是庶民百姓均服用，一时间裹巾蔚然成风，引发了第二次头巾大规模流行。明朝是头巾流行的第三个高潮，这一时期的巾帕样式先后出现有三四十种之多，达到了前所未有的程度。直至清朝满族人统治政权头巾才逐步淡出人们的视线。为更好地了解头巾形制，笔者将历代汉服头巾进行了详细梳理，由于篇幅有限故摘录出以下重点形制进行分析。

幅巾，四方形头巾，因长度与布幅宽窄相等而得名。汉代的织机由于宽度有限只能织出汉尺幅宽二尺二寸，折合今尺约 50 厘米的布帛，故幅巾为今尺约 50 厘米见方的巾帕。服用时将其盖在头部，把后面两巾角通过双鬓再绑系于颅后，是中国古代男子最为基本的戴巾样式（图 2-11）。

图 2-11　儒巾（江苏扬州出土）

帻巾，是包裹发髻不使之散乱、下垂的巾帕，通常为不能戴冠的庶民首服。汉蔡邕《独断》载："帻者，古之卑贱执事不冠者之服也。"[2]（图 2-12）由于其压发定冠的功能，从而使地位高者将其置于

---

〔1〕〔东汉〕许慎撰、〔清〕段玉裁注：《说文解字》，上海古籍出版社，1981 年，第 292 页。

〔2〕〔汉〕蔡邕撰、程荣点校：《独断》，中华书局，1975 年。

图 2-12　介帻和平上帻
选自《中国服装通史》

冠下束发服用，此后逐渐变为职官燕居常服。汉文帝时期将原先帻巾围包巾帕的形式进行了改制，在额前加立帽圈称为"颜题"，帻后开口称为"收"，"收"两边升起三角状"耳"与"颜题"相连，头顶部突起的部分称为"屋"，"屋"承尖顶状为"介帻"，平顶状为"平上帻"，简称"平帻"。据《后汉书·舆服志》载："帻者，赜也，头首严赜也。至孝文乃高颜题，续之为耳，崇其巾为屋，合后施收，上下群臣贵贱皆服之。文者长耳，武者短耳，称其冠也。"[1] 可见，帻巾服用文武官吏有一定区别，如文官服进贤冠配长耳介帻，武官服武冠配短耳平上帻。帻巾色彩丰富，有绛帻、青帻、金帻、白帻、黑帻等，服用时必须按身份地位佩戴，如从武者服赤帻、奴役服绿帻等不得擅自滥用。帻在宋代成为男子流行装束贵贱通服，通常用麻布为料故称"布帻"，有"岸帻"也叫"岸巾"及"介帻"等样式。

角巾，带棱角的巾帕，产生于东汉流行于魏晋，宋代称之为"垫巾"，是文人士大夫常用头巾。据《后汉书·郭太传》载："郭太字林宗……尝于陈梁间行，遇雨，巾一角垫，时人乃故折巾一角，以为林宗巾。"[2] 相传东汉名士郭林宗外出遇雨，头巾淋湿，一角折下半高半低，人感到更添风雅、新奇，故又称其为"林宗巾"及"折角巾"，士人纷纷效仿成为常用首服一直沿用至南朝齐梁之时。

纶巾，用粗丝编织既柔软又厚实的头巾，不分男女、贵贱，常于冬季服用。据说诸葛亮与司马懿在渭滨交战，不着盔甲仅戴纶巾

〔1〕《后汉书》卷三十《舆服志下》，中华书局，2004 年。
〔2〕《后汉书》卷六十八《郭太传》，中华书局，2007 年。

图 2-13-1　网巾

选自《中国服饰名物考》

图 2-13-2　网巾

选自《中国服饰名物考》

于首，"谈笑间，樯橹灰飞烟灭"，故后世又称其为"诸葛巾"[1]。明王圻《三才图会》曰："诸葛巾，此名纶巾。诸葛武侯尝服纶巾，执羽扇，指挥军事，正此巾也。因其人而名之。"[2] 这种有数条卷梁的巾式只是后人的假象，据史料记载诸葛亮当年所服巾帕其实是用葛布制成的"葛巾"。这种头巾由于质地坚韧、编制稀疏，故世人常用于夏季。由于东晋名士陶渊明常用此巾滤酒，故又有"漉酒巾"之称。在《晋书·陶潜传》就有此记载："郡将候潜，值其酒熟，取头上葛巾漉酒，毕，还复著之。"[3] 除男子常以白色纶巾体现高雅洁净外，妇女也喜爱用纶巾束发，但多将其染为彩色巾帕置于发髻。据晋陆翔《邺中记》载："（石虎）皇后出，女骑一千为卤簿，冬月皆着紫（纶）巾，蜀锦裤褶。"[4]

网巾，明代男子不分贵贱系束发髻的网罩。通常用黑丝绳、马

〔1〕〔宋〕苏轼：《宋词选》·《念奴娇·赤壁怀古》，古籍出版社，1978 年，第 75 页。

〔2〕〔明〕王圻：《三才图会·衣服》卷一，上海古籍出版社，1988 年影印本。

〔3〕〔唐〕房玄龄等撰：《晋书·陶潜传卷九十四》，中华书局，1975 年。

〔4〕〔晋〕陆翔：《邺中记》，商务印书馆丛书集成初编本，1937 年。

尾或棕丝织结成顶部有孔、类似网兜的形状，再以称为"边子"的布条锁边，边装金属环（图2-13）。服用时先将网巾盖住头顶，将发髻从顶部圆孔掏出，收紧金属环内的绳带，有"一统山河"之美称。网巾产生于洪武初年，是明代诸多巾帕中使用广泛，传承时间最为长久的首服，从明初一直服用至明亡。

图2-14　方巾（江苏扬州出土）

方巾，也称"四方平定巾""四角方巾"（图2-14）。是明代儒生、士人所戴软帽，也称"方帽"，以黑色纱为质料，可任意折叠，展开四角方正而得名。相传明朝初年，儒生杨维桢见太祖时服用此巾，太祖问其巾名，杨氏诡谀道："此四方平定巾也。"太祖听后非常高兴，于是颁式天下使百姓服用，洪武三年（1370）又规定为儒士、生员及监生等专用头巾。

六合巾，是明代男子所服用的圆顶帽，通常先将布帛裁为六瓣，再缝合，加宽帽檐。六瓣分别预示天、地、东、南、西、北六方位，缝合一体代表天下归一。此帽从明初产生，清代继续沿用，只是将原本高立的尺寸压低，减去六瓣之间凹痕，成为士庶男子便服，因其形制与官帽有别，遂叫"小帽""瓜皮帽"等。

唐巾，以乌纱制成的头巾，类似于唐代幞头而得名（图2-15）。宋、元时期已有其制，但宋式两脚外分，

图2-15　裹幞头的盛唐妇女
选自唐张萱《虢国夫人游春图》

内衬藤篾，呈"八字"状。元式唐巾多无内衬，曰"软角唐巾"明代沿袭其制，依旧采用软脚不做改动。

幞头，一种包头用的黑色巾帕，通常以丝织物制成，又称"襆头"，为北周武帝宇文邕从东汉幅巾演化、改进而成。《隋书》卷一二《礼仪志七》有详细记载："用全幅皂（帛）而向后襆发，俗人谓之襆头。自周武帝裁为四脚，今通于贵贱矣。"[1]幞头与幅巾之区别主要在角上：将幅巾四角裁剪加长成带状，服用时取前两带包住前额绕至脑后系结下垂，后两脚由后向前围裹系于额顶。至此，幞头历经1000多年的延承发展，最终成为中国古代男子汉服首服之标志。除男子外，隋唐女子也

图2-16　漆纱幞头
（江苏金坛周瑀墓出土）

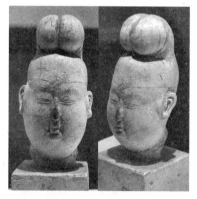

图2-17　隋代幞头 湖南湘阴隋墓出土陶俑
选自《名物考》

常使用，至今在许多传世作品中均可以看到女着男装头戴幞头的生动形象。据宋赵彦卫《云麓漫钞》记："幞头之制，本曰巾，古亦曰折，以三尺皂绢，向后裹发。晋宋曰幕后，（北）周武帝遂裁出四脚，名曰幞头，逐日就头裹之，又名折上巾。"[2]可见幞头又有"幕后"及"折上巾"之称谓。隋大业十年（614），吏部尚书牛弘认为幞头质地松软容易塌陷，提出加垫衬物在幞头里面以增添外形之挺括（图2-17）。

---

〔1〕《隋书》卷一二《礼仪志七》，中华书局，1973年。
〔2〕〔宋〕赵彦卫：《云麓漫钞卷四》，中华书局，1996年。

此上疏虽得到朝廷准许但直到隋末唐初才逐步得以推广，并称这种垫衬物叫"巾"或"巾子"，但其不同于汉魏时裹头之巾，此时之"巾"只是一种垫衬幞头的支架，隋时以木为之，唐武德年改用丝麻编结，在新疆吐鲁番阿斯塔那唐墓中有实物出土，其形制见图2-13。根据"巾子"造型的变化，幞头形制在唐代也得到了极大发展，《旧唐书·舆服志》载："武德已来，始有巾子，文官名流，上平头小样者。则天朝，贵臣内赐高头巾子，呼为武家诸王样。中宗景龙四年三月，因内宴赐宰臣已下内样巾子。开元已来，文官士伍多以紫皂官绝为头巾，平头巾子，相效为雅制。玄宗开元十九年十月，赐供奉官及诸司长官罗头巾及官样巾子，迄今服之也。"[1] 可见始于武德年间的巾子，造型简单多为扁平之"平头小样"状。此后武则天于天授二年（691）将其改制，提升巾子高度并于顶部分瓣，中间呈凹势，称为"武家诸王样"或"武家样""武氏内样"及"武家高巾子"。景龙四年（710）唐中宗李显将一种形制较前期更高，左右两瓣前倾成球状的巾子赐于臣下，故称其为"英王踣样"。由于"踣"即倾覆之意被认为有灭亡凶兆，故开元以后此巾式渐被弃用。开元十九年（731）唐玄宗赐百官样式较之"英王踣样"更高，无前倾，顶部圆球更为突出的巾子，称"官样圆头巾子"。中晚唐以后"尖巾子"广泛盛行，一直延续至五代。除巾子以外，幞头的脚也是带动其形制变化的重要因素。最初系结下垂于脑后的被称为"垂脚"或"软脚"，之后"软脚"加长，又发展为"长脚罗幞头"由于这种幞头质地柔软，故统称为"软脚幞头"。此后又开始在幞脚中填充丝弦硬物使其微翘，形成"硬脚幞头"。晚唐五代时期的幞头将木料削制称头形，用巾帕包裹其表，内衬纸绢，用时直接戴于头顶。可见，此时的幞头已经由最初束发裹髻的功能逐步变为帽子的形态，对后世幞头的发展影响深远（图2-16）。

---

〔1〕《旧唐书》卷四十五《舆服志》，中华书局，1975年。

宋代出现了两脚平直、长如直尺天子、大臣诉朝用得官帽——"直脚幞头",以及两脚弯曲、卷折,用于卤簿仪仗的"卷脚幞头""弓脚幞头"等,此后幞头的样式、名目繁多又先后出现了如"交角幞头""牛耳幞头""簇花幞头"以及"无脚幞头"等。元代少数民族,在汉服冠巾基础上又发展创建出如"花幞头""凤翅幞头"等样式。明代沿袭旧制百官官帽取宋时"直脚幞头",略做调整,改短两脚尺寸并使脚端上翘,直至清朝少数民族统治政权,幞头之制从此被弃。

三 帽

帽,在古时被写作"冃",从大量传世资料可以了解到,早在五六千年前就有帽的出现。据《说文解字》:"小儿蛮夷头衣也",帽多用于北方少数民族人民,秦汉之际的汉民除了给小孩用于挡风御寒,通常没有人服用[1]。直至东汉以后,民族融合、文化交流,胡服、胡帐、胡床、胡舞等风靡一时,帽子才逐步走入汉族人民生活,成为构建汉服的重要因素之一。魏晋南北朝时期,上至帝王、百官,下至庶民、百姓不分男女、贵贱均服用之,从而使帽子在这一阶段得到了广泛推广。隋唐时期,帽子品种丰富、名目繁多,有搭耳帽、黑纱方帽、莲花帽等,其中许多帽式均源于胡帽,成为时下男女流行之首服。宋朝戴帽之风在文士中流行,胡帽专用于歌舞乐伎,此

图 2-18 戴帽、穿曲裾服的男子(周汛、
高春明《中国服饰五千年》)

---

〔1〕〔东汉〕许慎撰、〔清〕段玉裁注:《说文解字》,古籍出版社,1981年,
第214页。

时出现了许多新颖的帽式，如"京纱帽""东坡帽""羞帽"等。直至近代戴帽之风依然存在，无论男女均可根据其用途选用自己喜好的帽式，及具有实用功能又兼顾装饰作用（图2-18）。

帕，古代男子一种白色便帽，流行于三国两晋时期，其形制是魏武帝在皮弁的基础上演变而来，是汉人对帽的早期称呼。由于其色彩与丧帽相似，"帕"与"掐"谐音，被认为有不祥之凶兆，东晋晚期随被废弃。

风帽，汉服首服中一种常见暖帽，开创于魏晋南北朝时期，通常用厚布絮棉或皮毛制成，用以挡风避寒又叫"兜风帽"。因其外形与观音头部披帛相似，帽侧有长布帛垂于两边兜住双耳，披散于肩背，故又被称之为"观音兜"。隋唐时期男子之风帽基本沿用旧式，只在冒顶加以变化，时圆时尖。女子之风帽除此之外，还有用轻薄织物制成的样式，通常在额部还要加缝可以翻卷、有五彩纹饰用织锦制成的帽檐，不仅能够挡风，而且极为适于外出蔽尘，更能够顺应封建礼教掌控下的"女德"思想。

乌纱帽，又称"漆纱笼冠"。以黑纱制成，前低后高，两翼平直，翼脚圆润，为南朝宋明帝初年，建安王休仁创建，士庶男女均可服用，流行甚广。隋代承袭旧制，依然服用。据《通典》载："隋文帝开皇初，尝著乌纱帽，自朝贵已下至于冗吏，通著入朝。"此制一直延续至唐朝初年，逐

图 2-19　乌纱帽
（上海肇嘉浜路潘允徽墓出土）

步被幞头替代。此后，宋、明时期，直接称幞头为乌纱帽，故此世人将其比作官位的代名词，至今依旧被广泛引用（图2-19）。

另外，汉服之首服还有许多样式，但由于篇幅有限在此不能一一进行阐述。

第二节　主　服

　　主服，从字面意思就不难看出，在中国源远流长的汉服史中占有极为重要的地位。汉服的主服主要由上衣、下裳等部分组成，品种繁复、多样，有"深衣""玄端""襕衫""背子"等；样式丰富多变有大袖、窄袖之差，圆领、交领之别，衣长、衣短之分；就服用功能而言，可以分为祭服、朝服、法服与常服等；依据季节变化选择用料质地，有裘皮、丝织以及纱罗等。虽然汉服主服形制在漫长的历史长河中经过洗刷而不断变化，但由于从最初的确立到最终的消失都没能离开礼制束缚，因此无论经历多少时事更替与变化，其主服形制始终固守着"平面剪裁""上衣下裳""交领右衽""绳带系结""衣缘镶边""宽袍广袖"的原则，并形成了多样统一的基本服饰样式。汉服主服的形制在刘邦称帝汉族确立以后也随即定性，成为汉民族世代相传的服饰形象。就算在少数民族统治时期也没能全面抑制这一恒定传承的着装理念，直到西方列强用坚船利炮打开中国国门，才逐步从人们视线消失。"交领右衽"，这里所说的"交领"不是真正意义上的交领，因为隋唐以后的公服已经开始变为圆领。这里所提到的"交领"是相交合叠加的意思。所谓"右衽"是汉族人民有别于其他少数民族"左衽"的穿衣原则，是汉服最为明显的标志。"绳带系结"，是汉族人民传统的固衣方法，如同纽扣在现代服装上所起到的作用一样。"衣缘镶边"，是在汉服领、襟、摆等部位镶滚边饰。"宽袍广袖"，是统称，主要针对正式场合所服用的礼服样式，"宽袍"最初是上衣下裳的形制，后逐渐发展成为上下连属的袍服样式，但总体说来都继承了宽博大气、平面剪裁的服饰传统。"平面剪裁"，是中国人一直尊崇的一种制衣方式。不强调服饰的合体性，只讲求服饰的"合礼性"。这种掩映形体轮廓的服饰形态与西方凸显人体曲线的着装模式形成了强烈的对比与反差，正体现出中

图2-20　戴长冠、穿窄袖绕襟深衣的侍者

（湖南马王堆汉墓出土木俑）

（周汛、高春明《中国服饰五千年》）

国传统理念崇尚含蓄自然的审美模式。当然，这与历代统治者推崇
儒家礼教文明有着很大联系。虽然说礼仪服制的约束阻碍了汉服的
发展与创新，但从另一方面看也正是由于遵循礼仪教化、严守衣冠
服制，才使得汉服世代相传、历久弥新（图2-20）。

一　衣

衣，是现代人对服装的通称，但古代的"衣"与下装无关，特
指服装的上装部分，又称为"上衣"。据《说文解字》载："衣，依也。
上曰衣，下曰裳。"故服饰形制有上衣、下裳之分[1]。《系辞·上》云：
"黄帝、尧、舜垂衣裳而天下治，盖取诸乾坤。"[2] 乾为天，坤为地，
分别代表上衣与下裳，上衣象征天，取玄色；下裳象征地，取黄色，
这种上玄下黄的服装形态是人们以"取象比类"的方法表现出对天地、
祖先的崇拜，后经过不断地成熟、完善，最终成为汉服最基本的着
装样式之一，完美构建出汉族人民顺应自然、崇尚"天人合一"的

---

〔1〕〔东汉〕许慎撰、〔清〕段玉裁注：《说文解字》，上海古籍出版社，1981年，
第233页。

〔2〕《周易》卷九《系辞·上》（十三经译注），上海古籍出版社，2004年。

哲学思想与深厚文化内涵。"衣",是象形字,古时写作"宀",最上端代表人的衣领,两边开口为衣袖,中间部分是交衽的衣襟。"上衣"包括外衣、中衣与内衣,均以"右衽"为基本造型。正式场合服用汉服通常用丝帛加缘,也称"纯",反之不加缘的服饰称"褴"或"褴褛",现代仍常用"衣衫褴褛"一词形容人生活困苦、衣服破烂。加衬里的汉服称为"禅"或"单",不加衬里的则称之为"复"。汉服的"衣"通常由领、袖、带、裾、衽等部分组成:"领",与现代服饰中衣领概念相似,多用质地厚实的织物制成,通常依据领口的样式将布帛裁剪成条状与衣襟缝缀相连,有交领、直领、曲领、方领、袒领等样式;汉服的"袖"由"袂""祛"两部分组成,"袂"指袖身,"祛"指袖口,随着时代的发展,逐渐变为有"袂"而无"祛"的形态,后更进一步演变,出现了半袖、窄袖等样式;"带"是系绑衣的围布,有宽窄、长短之分;"裾"指上衣的后摆,《释名·释衣服》曰:"裾,倨也,倨倨然直,亦言在后常见踞也。"[1];"衽"为衣襟,衣襟交衽的方向是古代服饰中区分汉族与夷族的重要标志,汉族朝右,夷族朝左。汉服主服中有许多"衣"的形式,但无论如何变化,其最具代表性的"右衽"形象始终不变(图2-21)。孔子曾在《论语·宪问》中赞扬:"微管仲,吾其披发左衽矣。"[2]可见,"衽"在汉服"上衣"中所起到的作用是何其重要。

图2-21 矩领窄袖长衣展示图
(根据出土陶范、铜人复原绘制)
(周汛、高春明《中国服饰五千年》)

　　本论文主要针对汉服主服的外衣部分进行研究与分析,不涉及其他有关中衣与内衣方面的问题,故此抽丝剥茧仅就如下重点上衣

---

〔1〕〔汉〕刘熙:《释名》卷五《释衣服》,中华书局,2008年,第167页。

〔2〕刘琦评议:《论语·宪问》,中华书局,2006年。

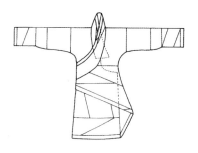

图 2-22-1 汉代曲裾深衣 湖南长沙马王
堆 1 号西汉墓出土

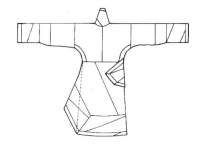

图 2-22-2 汉代曲裾深衣 湖南长沙马
王堆 1 号西汉墓出土

进行梳理，以便更为集中地了解汉服形制变化的历史走向，为后续章节打下坚实的理论平台。其中冕服，是中国古代汉服中最为尊贵的吉服，与之相配的还有后妃的六服，以及地位仅次于六冕的弁服等，其形制与用途在上章内容中已作深入分析，在此不做进一步重复，详见第一章衣冠服制的影响部分中相关内容。

（一）长衣

中国古代汉服形制各异、姿态迥然，虽变化万千却只有上衣下裳制与衣裳连属制两种基本着装样式。上衣下裳制源于西周以前的服装造型模式，从春秋战国时期开始出现上衣、下裳连缀一体的衣裳连属制，这种服装样式对后世服饰形制影响深远，最终成为汉服主要着装形态之一，历代传承、延绵数千年之久。长衣，就属于衣裳连属制，通常为袍式，其长度不一，有的长仅及膝，有的长垂于足；其材质有厚有薄，可夹可单，但通常正规汉服的形制以有衬里为贵。具体品类分析如下：

深衣，衣裳连属制最为典型的服装样式，后世的许多服装造型都是在此基础上发展演变而来，产生于周代，是仅次于朝服的服饰，君王、诸侯、文臣、武将、大夫均可服用，也是庶民百姓之礼服（图 2-22）。

《礼记·深衣》：

"古者深衣盖有制度，以应规矩绳权衡。短毋见肤，长毋被土。
续衽钩边，要缝半下。袼之高下，可以运肘；袂之长短，反诎之及肘；
带，下毋厌髀，上毋厌胁，当无骨者。制十有二幅，以应十有二月。
袂圆以应规，曲袷如矩以应方，负绳及踝以应直，下齐如权衡以应
平。故规者，行举手以为容；负绳抱方者，以直其政、方其义也。……
五法已施，故圣人服之。故规矩取其无私，绳取其直，权衡取其平，
故先王贵之。故可以为文，可以为武，可以摈相，可以治军旅，完
且弗费，善衣之次也。具父母、大父母，衣纯以缋；具父母，衣纯
以青；如孤子，衣纯以素。纯袂、缘，纯边，广各半寸。"[1]

《礼记·玉藻》：

"朝玄端，夕深衣。深衣三袪，缝齐倍要，衽当旁，袂可以回肘。
长、中继揜尺。袷二寸，祛尺二寸，缘广寸半。以帛里布，非礼也"[2]。

可见，深衣是一种有严格规定的服饰，无论大小、轻重哪个方
面都事无巨细的详细制定。如：深衣通常用十五升白细布制成，为
继承传统观念，在制作时仍采用上下分裁的模式，而后合并形成衣
裳相连、上下不分、被体深邃的样式。其形制前有六幅，后有六
幅，共计十二幅，以合于一年十二个月，其中斜角对裁的裁片一边
窄、一边宽，窄的一边称为"有杀"。袖口圆如圆规，表示揖让有仪
容；方形交领似矩尺，表示应该为政方正合理；后幅背线像垂线般
一直到脚跟，表示应该为人正直、刚正不阿；裳的下摆似秤锤、秤杆，
表示做事公平，用以安定心志、平正内心。其长度不能短到露出小
腿肚，也不能长得拖地。下摆尺寸为腰围的一倍，中间收小，呈上
下广中间狭的样式，腰部宽度为裳下摆宽度的一半，袖口的三倍宽。
"袼"，即腋下袖缝的高低，以肘部可以自如运动为标准，衣长以能

---

〔1〕《礼记·深衣第三十九》（十三经译注），上海古籍出版社，2004年。
〔2〕《礼记·玉藻第十三》（十三经译注），上海古籍出版社，2004年。

图 2-23　穿曲裾、绕襟深衣的战
　　国男子（湖南长沙出土木俑）

图 2-24　穿曲裾、绕襟、绣彩
　　深衣的贵族男子

够反折过来刚好在肘部为益。腰部的大带，下不能盖住股骨，上不
能盖住肋骨，应束在肋骨与股骨之间的无骨处。由于深衣符合上述
五方面原则，所以圣人服之。乃从规、矩中取其无私，从绳线中取
其正直，从权衡中取其公平，所以圣人穿它从规矩中取法方正无私，
从绳墨中取法正直，从权衡中取法平正。因此，先王重视它，无论
文服、武服、待宾、赞礼以及整训军旅均可服用。又由于深衣结实
耐用、花费少，以至于其重要程度仅次于祭服与朝服。通常父母、
祖父母全部健在的人，可以用五彩布帛在深衣袖口、衣裾、两侧镶边，
父母双全，没有祖父母的人，其深衣只能用青色布帛镶边，孤儿的
深衣只能用白色布帛镶边，宽度皆为一寸半。由于深衣"续衽钩边"，
右衽连属斜裁片，接出斜三角围裹于腰后，因此就形成了"曲裾"、
后垂燕尾"交输"的形式（图 2-23、图 2-24）。这种样式在汉朝得
到了进一步的发展，从湖南长沙马王堆1号汉墓出土实物可以了解到：
衣裾通常采用燕尾"交输"的形式裁剪成三角形，上宽下窄，形似
刀圭，故又称为"袿衣"。此后又逐步发展演变，加大加长衽边，穿
着时多为"重缯"，围绕身体层层相交叠压，形成"绕襟深衣"的样式。

图 2-25 穿杂裾垂髾服的妇女
（顾恺之《洛神赋图》局部）

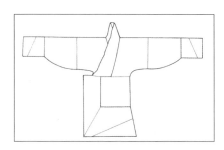

图 2-26 襜褕 选自《名物考》

而后，这种燕尾"交输"的服装形态继续发展，在魏晋时变为妇女服饰的"垂髾"，甚为婀娜、摇曳，至今在许多传世绘画作品中仍可感受其风采（图 2-25）。魏晋以后深衣逐步消失，直到宋代又一度在士大夫中流行，庆元年间被作为"服妖"从此被除。

襜褕，在"深衣"基础上发展而来的一种直裾服，又称"儋偷"，也有人认为是"直裾禅衣"（图 2-26）。所谓"禅衣"，是没有衬里，夏季服用的单衣，其形制与深衣相似，但衣袖更为宽广，通常采用轻薄面料制成直裾形式。无论史家说法如何，可以肯定的是襜褕为直裾样式，因此其外形较之"深衣""禅衣"更为宽松、舒适。襜褕除可用轻薄面料外也可用毛织厚料制作，又称"复襜褕"，一年四季均可服用。襜褕出自何时目前尚无定论，据史料记载西汉时多为女子主服，男子在正规场合服用则被视为失礼。到了东汉，襜褕却成为男子礼服可以逢迎天子，参加隆重仪式。

袍，也是在深衣之基础上演变而来的一种衬里纳絮的秋冬袍制服装，长度及踝，衣袖宽大，有圆弧状"袂"，袖端收紧缘以"袖祛"，是"深衣""襜褕"的替代品，流传深远。袍，最初为带有棉絮的内衣，用新絮称"襺"，用旧絮称"缊袍"。汉朝开始女子燕居逐步去除罩衫将之穿于外部，并在衣缘处镶边，此后继续发展，不断装饰改进

126

又开始在袍身描绘图案、五彩作绣，使之成为广泛流行的男女通用礼服。隋唐时期官吏公服也开始采用袍服，其形制有所改变：交领变为圆领；衣袖由宽变窄；衣长缩至小腿肚；规定三品以上服紫，五品以下服绯，六品、七品服绿，八品、九品服以青。后又改为四品用深绯，五品用浅绯；六品用深绿，七品用浅绿；八品用深青，九品用浅青（图 2-27）[1]。宋朝初年承袭旧制由稍作改动，采用四色分品的方法；在圆领中加缀衬领；衣袖放宽，广可垂地，到了元丰时期改用四品以

图 2-27　戴幞头、穿襕袍的晚唐官吏
（顾闳中《韩熙载夜宴图》）

上服紫，六品以上服绯，九品以上服绿三色分品的方式，此制一直沿用至元代。明代官服无论公服还是常服均采用袍式，公服用盘领，以色分品；常服用团领，以纹别级。此前的官袍均无绣纹，自元开始官吏袍服加绣与官品相符的纹样，据《明史·舆服志》载："公、侯、驸马、伯服，绣麒麟、白泽。文官一品仙鹤，二品锦鸡，三品孔雀，四品云雁，五品白鹇，六品鹭鸶，七品鸂鶒，八品黄鹂，九品鹌鹑；杂职练鹊；风宪官獬廌。武官一品、二品狮子，三品、四品虎豹，五品熊罴，六品、七品彪，八品犀牛，九品海马。"[2] 清朝满族入关，袍服制度依旧盛行，上至天子贵臣下至贫民百姓仍然沿袭着服袍的传统，经久不衰。至今，依然可以看到用各式面料加工制作的袍服形象，但此时的袍与彼时的袍在形制用途等方面已相差甚远。

　　衫，产生于东汉末年，一种没有衬里，衣袖宽大、无"袂"及

---

〔1〕《旧唐书》卷四十五《舆服志》，中华书局，1975 年。
〔2〕《明史》卷六十七《舆服志》，中华书局，1975 年。

"袪"，对襟露颈，夏季服用之单衣。魏晋南北朝时受少数民族胡服影响，其衣袖、衣身逐步变窄，直到盛唐。这时期有官职者燕居服用，无官位的士人礼宴时可服用一种以白纻布制成，并在膝盖附近施加横襕的衫，称为"襕衫"。贫民百姓为了活动方便，通常将衫的胯部位置前后左右分衩，称为"缺胯衫"。在从晚唐、五代时期，宽袍大袖又开始流行，政府每不受禁，一些官吏只得在自己管辖地对此稍作放松，以顺民心。这时期的妇女用衫薄如蝉翼、似烟非烟，柔弱的肌肤隐约微露别有一番韵味。宋、元时期无官士人依旧喜服"襕衫"，因其用料色彩又称之为"白襕"。妇女服衫与前一代大相径庭变得格外保守，将衫制成有衬里、加"金缕缝"或"金泥缝"的夹衫，又称"大袖""大衫"，属女子礼服品类[1]。

背子，也称"褙子"，由隋唐时期"半臂"演化而来，产生于北宋后期，无论贵贱、男女均可服用，通常为士庶女子之礼服，盛行广泛、流行久远。依据其袖形变化可分为三种样式：长袖背子、短袖背子、无袖背子（图2-28）。其中，男子背子款型有长、有短，领形有交、有直，灵活多变；女子所服背子采用长袖、衣长过膝、两腋下开衩、直领对襟，

图 2-28 背子
（福建福州南宋黄昇墓出土宝物）

其样式与"大袖"相似，只是衣袖较之窄小了许多。明承旧制依然服用，只是这一时期的背子多采用无袖样式，称为"搭护"。

（二）短衣

短衣，是除长衣之外的又一种上衣形式，因衣长短小而得名，

---

〔1〕宋代女子衫子衣袖宽大，必须用两幅布帛拼接，通常在接缝处镶嵌花边，镂金边称"金缕缝"，泥金绘制则称"金泥缝"。

通常为贵族家居、士庶平常服用之款型。常见品类有如下几种样式：

襦，为短款上衣，长度及腰，又称"腰襦"。有衬里的襦叫"袷襦"，如果再加纳棉絮，则又称为"复襦"，用以抵御风寒；单层的为"襜襦"或"禅襦"，通常人们采用上襦下裙的方式来穿着搭配，也称"襦裙服"。从东汉开始，襦的用料及装饰日趋考究，深受人们喜爱。据《西京杂记》载，赵飞燕被封为皇后，其妹赵昭仪将襦作为至上的礼物送与姐姐："今日嘉辰，贵姊懋膺洪册，谨上襚三十五条，以陈踊跃之心：金华紫轮帽。金华紫罗面衣。织成上襦。织成下裳……"[1]汉魏时期的襦服一般为大襟右衽的基本样式，其袖形有宽、有窄，甚至还有接袖[2]。到隋唐五代时期，襦服的奢华之风愈演愈烈，不仅加绣纹以为饰，更有甚者还加缀珍珠点缀装饰，称为"珠襦"。这时期的襦服样式除大襟外又出现了对襟开敞、手藏于袖的紧窄袖形，在许多传世作品中至今仍然可以清晰地看见这种样式。背子的出现使得襦服在宋代贵族妇女范围内极大缩减，成为士庶女子的通用服饰。到了元代，襦服又一次在汉族妇女中广泛盛行，直至明代（图2-29）。

袄，在短襦基础上演变而来，通常用粗厚质料制成有衬里的"夹袄"形式，也有再加絮棉料的"绵袄"形式，但均采用大襟、窄袖的基本样式。产生初期常与短襦混称为"襦袄"，后逐步划分，长于襦短于袍者为"袄"。唐宋时期男女均可服用，贵族一般在其外部加罩外衣，士庶则直接穿服。到了明代，袄则成为女子常服衣式，男子不再流行。

半臂，在汉代"绣褠"的基础上发展出来的一种袖长于上臂的短袖上衣，又称为"半袖"。魏晋南北朝时期，女子服者甚少，通常

〔1〕〔晋〕葛洪集：《西京杂记》卷一《飞燕昭仪赠遗之侈》，贵阳，贵州人民出版社，1993 年，第 40 页。"织成锦"：古代一种名贵丝织物，以彩丝金线织成。

〔2〕接袖，在袖端拼接一段白色布帛，此为汉魏襦服袖形的典型样式。

图 2-29　穿襦裙、半臂、披帛的妇女

（唐代彩绘陶俑，传世，原件现藏于上海博物馆）

为男子所喜爱，甚至天子贵臣礼见时也常服用。到了隋唐时期，半袖在宫中女子中开始流行，后逐渐风靡至民间，称为"半臂"，初唐后期成为女子常用服式，不仅可以穿在罩衣里面，也可以将其加罩在襦袄之外。除女子外，唐代男子也视其为时尚装束常喜服之，据唐姚汝能《安禄山事迹》载，天宝年间，唐玄宗曾赐安禄山半臂以服用，可见半臂在当时受重视之程度。此后，半臂逐步由最初以装饰为主逐步加纳棉絮，转变为以实用为主的御寒夹衣，直至明清，影响甚远。

背心，一种无袖半臂。早期形制简单，通常由两片布帛组成，一片护于前胸、一片遮挡后背，有单、夹两种，又名"裲裆"。起初人们常将其穿于罩衣内部，魏晋以后才逐步外穿，并施彩做绣加以装饰。到了宋代，无论尊卑贵贱男女通服之，又出现了许多称为，有："绰子""搭护""比肩""背搭""坎肩""紧身"以及长仅及腰的"马甲"等。此后，又出现了一种衣长至膝、对襟直领的"马甲"，称为"比甲"，通常罩于襦袄外部，成为元、明、清汉族女子流行样式。

二　裳

中国古代将一切下身所服用的服式，其中也包括袍服的腰下部分均称为"裳"，与上衣相对应，故又有"下裳"之称。裳，是人类社会使用最久远的服饰之一，早期其功能不在御寒而是遮羞，由于先秦时期的裤子只是一种有裤管无裤裆的胫衣，私部完全暴露于外，故将布帛裁成两片，一片遮前、一片挡后，用带束于腰间，两侧各留一条开衩以便行走、活动，类似今世裙子样式，罩在胫衣外用以障蔽。到了汉代，下裳出现有裆裤和前后片连接相合的裙之样式，但天子百官冕服之裳仍用旧制，直到明代灭亡，其延续传承时间达两千余年之久。

（一）裤

裤，即裤的雏形，一种男女通用的裤装，为古代下裳主要形制之一（图 2-30）。商周时期就已出现，主要用于御寒，也可写作"绔"，其形制只是两个套在腿上的裤管，上至膝部、下至脚踝，用绳带连接相系，裸露膝盖以上部位，无裆，又有"胫衣"之称，服用时需将裳置于其外以掩羞部。《说文解字》云："绔，胫衣也。"段注："今所谓套裤也。左右各一，分衣两胫。"[1]在赵武灵王"胡服骑射"的带动下，军旅开始使用有裆裤以便骑马作战，此风蔓延至民间，流行出一种裤腿延长连接于腰，在

图 2-30　穿袴褶的男子
（周汛、高春明《中国服饰五千年》）

〔1〕〔东汉〕许慎撰、〔清〕段玉裁注：《说文解字》，上海古籍出版社，1981 年，第 383 页。

汉代被称为"大袴"或"大袑"的无裆长裤。汉昭帝时期（前87—前75年），霍去病之弟大将军霍光专权，其外孙女上官皇后为阻止其他女性亲近皇帝，就通过御医之口以爱护天子身体为名，命宫人全部服用一种上至股、下至胫有裆但不缝合、前后用带绑系的"穷绔"，也称"绲裆袴"的下裳禁内，此款形的出现为有裆裤随后的流行奠定了一定的基础。从一些出土实物可以看出，无裆裤的形制深受人们喜爱，直到宋明仍被服用。有裆裤是由北方少数民族传入中原，在汉代开始流行的下裳样式，称为"裈"。最初这种满裆合缝、遮羞蔽私、表不施裳的裤式只有军人及奴仆为活动方便而服用，到魏晋南北朝时期开始广泛盛行。此时的裤型宽松肥大，又名"大口裤"，通常与紧身上衣"褶"相配，时称"袴褶"，风靡流行。由于大口裤不便活动，时人用布带在膝下将裤腿系绑，称为"缚裤"。此风一直延续至隋代，文武百官均可服用。唐代"缚裤"多用于武官、卫士，出现了裤腿紧窄、裤脚相束的裤型，女子受胡服之影响也常服用。宋代又开始流行一种可罩在长裤外面的"胫衣"样式——"膝裤"，无论尊卑、男女可通服之。明代妇女承袭旧制依然广泛使用，通常将织锦裁成上至膝、下至踝、平口，与现代护腿袜相似的样式，故又称"半袜"。普通款型的长裤在此时依然盛行，男女均可服用，一直流传至今。

（二）裙

裙，下裳的主要样式之一。据宋代高承《事物纪原》载："古所贵衣裳连下有裙，随衣色而有缘；尧、舜已降，有六破及直缝，皆去缘；商、周以其太质，加花绣，上缀五色。盖自垂衣裳则有之，后世加文饰耳。"[1] 可见，裙在很早以前就已出现并被人们广泛服用。古代

---

〔1〕〔宋〕高承：《事物纪原》，中华书局，1985年。

布帛幅宽窄，制作一条"下裙"需要用多幅合拼连成一片，从前向后围绕于后背相交，"裙"通"群"，多之意，故得此名。西汉时期，裙多为女性服饰。到了东汉，男性也开始服用，但此时的服饰品类仍以袍类长衣为主。由于裙子的样式不便于活动，于是这时期人们开始在裙幅上加折无数细褶用以改善此不足。南北朝以后，裙子又成为女子专用服品，逐步增多。隋唐时期，裙成为女子重要服饰品类，其样式变化丰富，不仅有从少数民族"筒裙"基础上演变出来的"笼裙"在贵族女子中盛行，也有用六幅布帛制成的宽大"裙围"，

图 2-31　穿间色裙的唐代妇女
选自唐李寿墓壁画

更有甚者还出现了七幅、八幅用料裙式。据文献推算，唐代"六幅"布帛相当于现在约三米用料之多，其折褶越发细密，从几十条到几百条宽窄相等固定于腰部，足见其形制之繁复。为减弱裙宽的累赘以及顺应礼教制度的约束，妇女们通常采用长款裙式增加摇曳娜娜的姿态，隋唐女子更将裙腰上提束于胸前、腋下。五代女裙的折褶之风愈演愈烈，文献中出现了"百叠""千褶"的记载（图 2-31）。宋明时期，女子依然喜服坠地、百褶长裙，其中明朝末年还出现过一种由十幅布帛制成有许多折褶的裙式，其中每褶各用一色被称之为"月华裙"。此裙浅描淡绘、色彩雅致，如皎洁的月光静静影印之上。此风一直延续，现代女性依然服用，但此时的"百褶"只是裙子形式上之统称，并非过去真正意义上有百条以上的折褶施缀于裙的样式了。历代裙子色彩各从其愿，但女子服裙以红色居多。由于古时染色均用天然染料，红裙通常由石榴花提炼染料制作，故有"石榴裙"的美称。绿色也是古代女性喜爱的裙装颜色，绿裙又有"碧

133

裙""翠裙""翡翠裙"和"荷叶裙"的叫法。除此之外，还有将色彩逐步晕染变化的"晕裙"以及用两种以上色彩的布条交错相拼的"间裙"或"间色裙"。汉服裙子装饰手法各异，用彩线施绣的为"绣裙"；用传统印染手段施花的为"缬裙"；直接在裙上绘画的叫"画裙"。此外，还有在裙上缘边、镂金、走珠、镶嵌等一系列装饰方法，在此不作详细分析，后部篇章有进一步说明。

三　饰

这里的"饰"，是指与汉服上衣、下裳有关的衣饰配件。如：披饰、腰饰等，是整体汉服的点睛之笔。除本身所具有的装饰作用外，在汉服中还常作为身份的象征，昭示服用者的品第，发挥出其他组成因素所无法替代的作用。

披肩，又称"披领"，一种披在肩上的服饰，战国时期就已出现。通常用厚实质料制成中间开口、领前直襟的方形、圆形或菱形服饰，与幼儿用围涎样式相似。披肩是汉服中既具有使用价值有兼顾装饰效果的服饰之一。由于古代女子的礼服有绣有镶不易拆洗，时间久了领口的污渍会影响美观，用披肩来解决这一问题及便于清洗又强化装饰意味，故深受妇女喜爱，传承久远。汉时男女均喜服之，又称"绕领""裙""帔"等。魏晋南北朝时期统一披肩称谓，均作"帔"，多为女性服用。据《释名·释衣服》载："帔，披也，披之肩背，不及下也。"[1]到了隋唐时期，服帔者逐步减少成为乐舞歌伎表演服饰（图2-32）。五代时期出现了前后两头为如意式样的披肩——"云肩"，并广泛流行直到明清，长久不衰。

披帛，古代女子搭在肩背、绕于双臂的一种长帛巾。起源于中亚地区，秦汉时传入中国，通常以缣帛等轻薄面料制成，仅为嫔妃、

---

〔1〕〔汉〕刘熙：《释名》卷五《释衣服》，商务印书馆，1939年，第80页。

歌舞伎服用。隋唐时期逐步广泛流行，唐开元后传入民间成为古代女子汉服不可或缺的组成部分，又称"帔子"或"帔"，晚唐以后才称其为"披帛"，此前一直以"领巾"为之，直到北宋初期一些地处偏僻山区的百姓仍难改此称谓。唐代是披帛发展的巅峰，就其质料来分：有用纱罗制成的"罗帔"；有用颜料描绘、模印的"画帛"；用以丝线施绣花纹的"花帔"；以及用五彩织锦制成的"霞帔"等[1]。就其形制分：有形如披风，披搭于肩背的宽式披帛；也有搭在双肩再绕于两臂的长款样式。这种长形披帛，一般长度都在两米以上，服

图 2-32　穿舞衣的妇女
（白瓷俑，传世，原件现藏于
上海博物馆）

用时通过双臂轻轻落于长裙两侧，随着身体的变化不断飞舞、飘动，有如仙子凌波顾盼，此种风情是多少文人墨客竞相描绘的女性形象，故在大量传世作品与文献资料中至今仍能清晰地感受得到。五代女子沿袭旧制依然服用，直到北宋。据《事物纪原》载："今代帔有二等，霞帔非恩赐不得服，为妇人之命服；而直披通用于民间也。"[2]可见披帛的逐步消失，与宋代贵族妇女佩戴"霞帔"，普通女子服用"直披"有直接关系。另外，宋人还喜服一种与"直披"形制相似的"领抹"，直至明代（图 2-33）。

　　霞帔，南北朝时已出现，盛行于南宋，明代依旧沿用，与唐代女子流行的"霞帔"名称相同而形制有别。据宋陈元靓《事林广记·服用原始·霞帔》载："开元中令王妃以下通服之，今代霞帔非恩赐

---

〔1〕此时的"霞帔"仍是一种披帛，与宋明时期女子服用的"霞帔"同名而物异。
〔2〕〔宋〕高承：《事物纪原》卷三《冠冕首饰部》，商务印书馆，1985 年。

图 2-33　加穿大袖罗衫、长裙、披帛的贵妇

（周昉《簪花仕女图》局部）

不得服。"[1] 可见其初为宫中命妇常服形制，后逐步赐予宫外命妇服
用，是古代贵族妇女环绕肩、颈披挂于胸前的长条形帛带，通常披
端各垂一颗金、玉坠子，通体彩绣、制作精美、明艳如霞，故此得名。
由于宋、明统治者将霞帔定为命妇服，故在其形制上有严格的品第
规定，据《明史·舆服志》洪武四年（1371）有关霞帔服制记载："一
品，衣金绣文霞帔，金珠翠妆饰，玉坠。二品，衣金绣云肩大杂花
霞帔，金珠翠妆饰，金坠子。三品，衣金绣大杂花霞帔，珠翠妆饰，
金坠子。四品，衣绣小杂花霞帔，翠妆饰，金坠子。五品，衣销金
大杂花霞帔，生色画绢起花妆饰，金坠子。六品、七品，衣销金小
杂花霞帔，生色画绢起花妆饰，镀金银坠子。八品、九品，衣大红
素罗霞帔，生色画绢妆饰，银坠子。"洪武五年（1372），又对其彩
秀纹饰作出进一步严令："一品，蹙金绣云霞翟文，钑花金坠子。二
品同。三品、四品，蹙金云霞孔雀文，钑花金坠子。五品，云霞鸳

---

[1] 缪良云等编：转载自《中国衣经》，上海文化出版社，2000 年，第 209 页。

鸢文，镀金银钑花坠子。六品、七品，云霞练鹊文，钑花银坠子。八品、九品，缠枝花文，钑花银坠子"[1]。作为命妇礼服，霞帔从出现就一直是贵族女性身份地位的象征，到明清时普通妇女在一生中才可有两次"假借"机会：一次在出嫁时日，一次在入殓之时。但清代的霞帔已与前代有很大区别：放大布幅宽度，加缀后片形成背心的样式，胸背中心缝缀"补子"，帔坠变为流苏。这种样式传至民国，依旧盛行不衰，每到大婚之日均以凤冠、霞帔盛装示人（图2-34）。

图 2-34 加霞帔的妇女
（选自《历代帝后像》）

带，由于汉民族传统的服饰宽博舒展没有纽扣维系，于是带就成为中国古代汉服中不可缺少的组成部分，长久流传、不断发展，形成了名目繁多、样式多变的服饰配饰。从类别上分有：大带、鞶带、钩络带等，从材质分有：丝带、玉带、皮带等，从使用部位分有：腰带、骻带、襟带等，可谓琳琅满目、品类繁多。由于先秦以来，带的色彩、装饰纹样一直是人们地位和身份的象征，无论其作用是实用还是装饰，都必须严格按照各自身份服用，故历代贵族礼服通常要使用两种腰带：一种是用布帛制成的"大带"，用以束腰；一种是用皮革制成的"革带"，用以系佩各种不同材质的附属物以表明品第。

绶，是用丝编结成的条形饰物，先秦时期称为"组"，常用来系结佩戴物品。秦代根据绶的不同颜色、长短划分等级，建立官印结绶制度，从此成为政治权利与社会地位的象征。汉代是汉民族产生、汉服确立的封建社会成熟期，除了在冠巾、服装以及腰带上明示身

---

〔1〕《明史》卷六十七《舆服志三》，中华书局，1975年。

份地位外，还在前朝绶印制度的基础上对其长短、颜色及织法进一步完善和发展，使佩绶人的身份地位一目了然地呈现于世。

《后汉书·舆服志》：

秦乃以采组连结于璲，光明章表，转相结受，故谓之绶。汉承秦制，用而弗改，故加之以双印佩刀之饰。……乘舆黄赤绶，四采，黄赤缥绀，淳黄圭，长二丈九尺九寸，五百首。诸侯王赤绶，四采，赤黄缥绀，淳赤圭，长二丈一尺，三百首。太皇太后、皇太后，其绶皆与乘舆同，皇后亦如之。长公主、天子贵人与诸侯王同绶者，加特也。诸国贵人、相国皆绿绶，三采，绿紫绀，淳绿圭，长二丈一尺，二百四十首。公、侯、将军紫绶，二采，紫白，淳紫圭，长丈七尺，百八十首。公主封君服紫绶。九卿、中二千石、二千石青绶，三采，青白红，淳青圭，长丈七尺，百二十首。自青绶以上，縌皆长三尺二寸，与绶同采而首半之。縌者，古佩璲也。佩绶相迎受，故曰縌。紫绶以上，縌绶之间得施玉环鐍云。千石、六百石黑绶，三采，青赤绀，淳青圭，长丈六尺，八十首。四百石、三百石长同。四百石、三百石、二百石黄绶，一采，淳黄圭，长丈五尺，六十首。自黑绶以下，縌绶皆长三尺，与绶同采而首半之。百石青绀绶，一采，宛转缪织圭，长丈二尺 [1]。

按今尺换算，汉代佩绶最短也要 2.8 米左右，故服用者常将其结成回环束于腰带之下，剩余部分露出，又由于汉代官位一职一印，一方印系一条绶，因此腰间缠绶回环越多、佩印条数越密就说明官位越高、职权越广。通常，盛放印绶的"绶囊"也称"傍囊"，由皮革或织锦制成，行礼、朝见时将囊中绶印拿出，垂于腰旁，不用时将绶带收起放于囊内。据《隋书·礼仪志》载，这种佩绶制度传至隋代，变成大双绶和小双绶的制度，"（天子）双大绶，六采，玄黄赤白缥绿，纯玄质，长二丈四尺，五百首，广一尺；小双绶，长二尺六寸，色

---

〔1〕《后汉书》三十《舆服志》，中华书局，1965年。

同大绶，而首半之，间施三玉环"[1]。唐代绶带已不与官印相系，而是作为装饰束于腰间。宋代开始将佩双绶带改为系束大小不同的单绶。明代承袭旧制，直到清朝少数民族统治政权以后，才从此消逝。参见表 2-11 至表 2-14。

表 2-11 佩绶制度对比

秦、西汉绶带等级	色彩	东汉绶带等级	色彩
		皇帝．太皇太后．皇太后．皇后	黄赤绶
诸侯王	绿绶	诸侯王．诸侯．或长公主．天子贵人	赤绶
列侯、一云丞相	绿绶	诸国贵人	绿绶
丞相、太尉、太傅、太师、太保、前后左右将军	紫绶	公、侯、将军或长公主、天子贵人	紫绶
御史大夫及二千石以上官员	青绶	九卿，中二千石，二千石	青绶
六百石以上官、一云令长千石	黑绶	千石，六百石	黑绶
比二百石以上	黄绶	四百石，三百石，二百石	黄绶
		百石	青绀绶

此外，还有许多如玉佩、鱼符、佩囊等饰物，由于会在后面章节做专题分析，故不再赘言。

汉服主服类别历朝历代形制变化繁多，从上衣、下裳到服装配饰，无不使人震撼、使人流连忘返。由于篇幅有限上述内容并不能详尽阐述，笔者将历代汉服主服归类分析，从表 2-15 至表 2-25 可见一斑。

---

[1]《隋书》卷十二《礼仪志》，中华书局，1973 年。

表 2-12 秦汉男子主服形制

名 称	形 制	穿着时间及身份	文献出处
禅衣	没有衬里,上衣下裳相连,领、袖缘为不同颜色的丝边,与流行于战国的"深衣"近似,但衣袖更为肥大广阔,有直裾与曲裾之分。	夏季穿着服装,在男服中档次较高,百官上朝时穿用。	《续汉书·舆服志下》,《方言》卷四,《说文解字》,《释名·释衣服》,《急就篇》。
襜褕	直裾禅衣,较为宽松。	一年四季均可穿着,是普通常服,重要场合受到禁止。	《续汉书·舆服志下》,《释名·释衣服》,《说文解字》,《方言》。
袍(又称"复袍")	长及脚踝,衣袖比禅衣更为宽大,里衬棉絮,用新棉制成的袍称"襺"用旧絮制成的袍叫"缊袍"。	秋冬服装,用丝帛制成的棉袍为贵族常穿用;"缊袍"为普通百姓常服。	《续汉书·舆服志下》,《释名·释衣服》,《礼记·儒行》,《后汉书·羊续列传》。
褠	一种特殊的禅衣,袖为直筒形。	下层人穿用。	《后汉书·皇后纪上·明德马皇后》,《释名·释衣服》。
袭(又称袯、褶)	有表有里,中间不续锦,左衽,长及臀部的短外套	上下通服之。	《释名·释衣服》,《说文解字》,《急就篇》《礼记·玉藻》。
襦	分禅襦(也称"汉襦":不续棉),复襦(有棉絮、其腰上翘),反闭襦(形制更小并反穿)。类型大的长度至膝,为外套;小的类似现在的短外衣。	禅襦为夏季穿用,复襦为秋冬穿用。	《释名·释衣服》,《急救篇》。
衫、半袖	去掉袖口的禅襦,与后世的短袖衫相似。	夏季服用,为常服,正式场合禁用。	《方言》,《宋书·五行志一》。

名　称	形　制	穿着时间及身份	文献出处
裘衣	用动物皮毛制成的袍服，皮在里，毛在外。	冬季常服，上层社会多用狐、貂等皮料，下层社会则用狗、羊皮料。	《礼记·玉藻》，《盐铁论散不足》。
绔（即裤又称襗、襃）	分无裆与连裆（时称"穷裤"）两种，贴身穿的内绔称"裈"因形如犊鼻又称"犊鼻裈"。	贵族用丝制绔，称为"纨绔"百姓用粗布作绔，秋冬季穿"复绔"（夹絮）和羊皮绔。	《说文解字》，《释名·释衣服》，《汉书·景十三王传·广川惠王越》，《史记·司马相如列传》。

表 2-13 秦汉女子主服形制

名　称	形　制	穿着身份	文献出处
袿衣	交衽的两幅裁去一角，掩到身后成为曲裾，其形与古时刀圭币相似，如燕尾一般，袿衣上还缀有长带，上广下狭。	为上等服装，多为上层妇女穿用。	《释名·释衣服》，《汉书·江充传》，《汉书·司马相如传上》。
诸于	诸多文献多处记载此女服，但其形制并不清晰，有的认为是一种宽松的外衣，有的认为是刺绣短袖外衣[1]。	一般妇女常服。	《后汉书·光武帝纪上》，《方言》，《后汉书·王符列传》，《礼记·儒行》。
袍	男女均可穿着，区别主要是颜色和四边是否有缘。	上、下均服之，只在质料、色彩上区分贵、贱。	《续汉书·舆服志下》，《释名·释衣服》，《礼记·儒行》，《后汉书·羊续列传》。

〔1〕李贤注引《礼记·儒行》郑玄注："缝犹大也，大袚之衣，大袂单衣。"认为"诸于"是一种形制较宽松的女装。沈从文认为"诸于"是刺绣短袖外衣，《中国古代服饰研究》（增订本），上海书店出版社，1997年，第92页。

名称	形制	穿着身份	文献出处
裙	与现代的裙无大区别。	中、下层女子着丝裙，普通女子着布裙。	《释名·释衣服》，《后汉书·王良列传》
韠（也称"韍"）[1]	上窄（约23厘米），下宽（约46厘米），可用其蔽膝（类似后代的围裙），也可以护首（类似后代的头巾）。	普通女子服用。	《说文解字》，《释名·释衣服》，《续汉书·舆服志下》。

表 2-14 隋代女子服制

品级	名称	品级	名称
皇太后、皇后礼服	袆衣（祭及朝会，凡大事则服用），鞠衣（亲蚕服用），青服（礼见天子服用），朱服（宴见宾客服用）。	美人、才人、良娣	服鞠衣
三妃（贵妃、德妃、淑妃），皇太子妃，诸王太妃、妃，长公主、公主、三公夫人、一品命妇。	服褕翟之衣	宝林、保林、八子	服展衣
九嫔、婕妤	服阙翟之衣		

---

〔1〕"韍"在先秦时期为上层社会的装束，《续汉书·舆服志下》刘昭注引《春秋繁露》云：剑、刀、韍、冠"四者，人之盛饰也"的说法与汉代实际生活有一定出入。

表 2-15 唐代女子服制[1]

品 级	名 称	穿着场合
皇后礼服	袆衣	受册、助祭、朝会诸大事服用
	鞠衣	亲蚕服用
	钿钗礼服	宴见宾客服用
皇太子妃礼服	褕翟	受册、助祭、朝会诸大事服用
	鞠衣	受册、助祭、朝会诸大事服用
	钿钗礼服	受册、助祭、朝会诸大事服用
内命妇	翟衣	受册、从蚕、朝命
外命妇	翟衣	出嫁、受册、从蚕、大朝会

表 2-16 宋代服制规定[2]

时 间	服制内容
建隆元年（960）	"国初仍唐旧制，士庶所服革带未有定制，大抵贵者以金，贱者以银；富者尚侈，贫者尚俭。有官者服皂袍，无官者白袍，庶人布袍，而紫惟施于朝服，非朝服而用紫者，有禁"。
太平兴国七年正月壬寅（982）	"三品以上銙以玉，四品以上金，五品、六品银銙金涂，七品以上并未常参官并内职武官以银。上所特赐，不拘此令。八品、九品以黑银，今世所谓药点乌银是也，流外官、工商、士人、庶人以铁角二色。其金荔枝銙，非三品以上不许服，太宗特新此銙，其品式无传焉。其后毬文笏头、御仙又出于太宗，特制以别贵贱，而荔枝反为御仙之次，虽非从官特赐，皆许服。初品京官特赐带者，即服紫矣。所谓紫者，乃赤紫，今所服紫谓之黑紫，以为妖，其禁尤严，故中外官并贡举人或于绯、绿、白袍者，私自以紫于衣服者，禁之。止许白袍或皂袍"。

---

〔1〕此为唐"武德令"规定服制，内外命妇及女官等礼服，同时根据自身或夫、子地位的高下也各有等差。

〔2〕服制内容载自《宋史》卷一五三《舆服制五》，中华书局，1985 年。

143

时 间	服制内容
端拱二年十一月九日 （989）	诏曰"县镇场务诸色公人并庶人、商贾、伎术，不系官伶人，只许服皂、白衣、铁、角带，不得服紫。文武升朝官及诸司副使、禁军指挥使、厢军都虞侯之家子弟，不拘此限。幞头巾子，自今高不得过二寸五分。妇人假髻并宜禁断，仍不得作高髻及高冠。其销金、泥金，真珠装缀衣服，除命妇许服外，余人并禁。"
至道元年六月（995）	"帝以时俗所好，冒法者众，故除其禁"六月二十四日又诏曰："先是端拱二年十一月乙酉诏书，申诏车服制度，士庶工商，先不许服紫。自今许所在不得禁之，余处如前诏。"
大中祥符元年二月 （1008）	诏曰："金箔、金银线、贴金销金间金蹙金线，装贴什器土木玩之物，并行禁断。非命妇不得以金为首饰，许人纠告，并以违制论。寺观饰塑像者，斋金银并工价，就文思院换易。"
大中祥符七年（1014）	"禁民间服销金及钑遮那缬"。
大中祥符八年五月 （1015）	诏曰："内庭自中宫以下，并不得销金、贴金、间金、戗金、圈金、解金、剔金、陷金、明金、泥金、榜金、背影金、盘金、织金、金线撚丝、装著衣服，并不得以金为饰。其外庭臣庶家，悉皆禁断。臣民旧有者，限一月许回易，违者，犯人及工匠皆坐"。是年又："禁民间服皂班缬衣。"
天圣三年（1025）	下令："在京士庶不得衣黑褐地白花衣服并蓝、黄、紫地撮晕花样，妇女不得将白色、褐色毛段并淡褐色匹帛制造衣服，令开封府限十日断绝。妇女出入乘骑，在路披毛褐以御风尘者，不再禁限。"
景祐元年（1034）	诏曰："禁锦背，绣背，遍地密花背采段，其稀花团窠、斜窠杂花不相连者非。"
景祐二年（1035）	诏曰："市肆造作缕金为妇人首饰等物者禁。"
景祐三年（1036）	规定："臣庶之家，毋得采捕鹿胎制造冠子。凡命妇许以金为首饰，及为小儿钤鋘、钗鬘、钏缠、珥环之属，仍毋得为牙鱼、飞鱼、奇巧飞动若龙形者。非命妇之家，毋得以真珠装缀首饰、衣服、及项珠、璎珞、耳坠、头帎、袜子之类"。
庆历二年五月（1042）	严禁："上自宫掖，悉皆屏绝，臣庶之家，犯者必置于法"。
皇祐七年（1055）	因士庶纷纷仿效宫中皇亲及内臣色衣，遂下令："禁天下衣黑紫服者。"

时　间	服制内容
嘉祐七年十月（1062）	禁天下衣"墨紫"。
熙宁九年（1076）	禁"朝服紫色禁黑者"。
政和八年十二月（1118）	统治者时履制进行了讨论，吴曾《能改斋漫录》卷一三《讨论履制度》："编类御笔所礼制局奏：'今讨论到履制下项絇（履上饰也），繶（饰底也）、纯（缘也）、綦（履带也）。古者，舄履各随裳之色，有赤舄、黑舄，今履欲用黑革为之，其絇繶纯綦，并随服色用之，以仿古随裳色之意。'奉圣旨依仪定，仍令礼制局造三十副，下开封府，给散铺户为样制卖。礼制局奏：'先议定履，各随服色。缘武臣服色止是一等，理宜有别。'奉圣旨：'文武官大夫以上，四饰全。朝请武功郎以上，减去一繶，并称履。从义宣教郎以下，至将校伎术官，减去二繶纯，并称屦'云。"
绍兴五年（1135）	高宗谓辅臣曰："金翠为妇人服饰，不惟靡货害物，而侈靡之习，实关风化。已戒中外，乃下令不许入宫门，今无一人犯者。尚恐士民之家未能尽革，宜申严禁，仍定销金及采辅金翠罪赏格。
淳熙五年（1178）	"凡士大夫家祭祀，冠婚，则具盛服。有官者幞头、带、靴、笏，进士则幞头、襕衫、带，处士则幞头、皂衫、带，无官者通用帽子、衫、带，又不能具，则或深衣、或凉衫。有官者亦通用帽子以下，但不为盛服。妇人则假髻、大衣、长裙。女子在室者冠子、背子。众妾则假纷、背子"。

表 2-17 宋代男子"上衣"名目

分类	名　称
从材质上分	纱衣、罗衣、麻衣、纻衣、棉衣、絮衣、皮衣、纸衣等。
从色彩上分	红衣、绿衣、黄衣、白衣、紫衣、皂衣等。
从功能上分	凉衫、雨衣、油衣、蓑衣等。
从使用者上分	官服（又分为：祭服、朝服、公服、时服等）、戎衣、僧衣、道服等。
从使用场合上分	礼服、盛服、丧服、便服等。
从衣服种类上分	深衣、襕衫、背子、袍、衩衣、野服等。

表 2-18 宋代男子主服品类

上衣	帽衫	由乌纱帽、皂罗衫、角带等组成，是北宋文人士大夫交际着装。
	紫衫[1]	原用于军校之服，南宋初年因战事频繁，文人士大夫纷纷用之。
	凉衫	北宋中期都城士人为方便出行创制，穿在朝服外，防止灰尘，因其色素白，故又称为白衫或凉衫。
	毛衫	以毛织物制成的衣服，又称"蒙衫""氀衫"，在北宋都城开封的士大夫中盛极一时。
	深衣	上衣下裳，前后深长，始于先秦士人，但后来曾一度不流行，至宋代在士大夫中又流行起来。
上衣	襕衫[2]	用细白布制成，圆领大袖，下施横襕为裳，腰间有辟积，为士人礼服。
	野服	上衣下裳，直领，两带结之，缘以皂，如道服，长度及膝，衣用黄、白、青色，裳用黄色，大带方履。
	道服	如长袍，领袖等处缘以黑边，与道袍相似以符名，是一种士庶喜爱的便服，男女通用。
	背子	是宋代最为盛行的服装，分为长袖，短袖，无袖三种形式。长袖背子又分为两种：1.袖子长而大，前襟平行而不缝合，两腋以下开衩。2.两腋和背后都垂有带子，腰间束勒帛。一些仪卫，武士常穿"打甲背子""带甲背子""团花背子""小帽背子"等[3]。

---

〔1〕《宋史》卷一五三《舆服志五》载："紫衫，本军校服。中兴，士大夫服之，以便戎事。绍兴九年，诏公卿，长吏服用冠带，然迄不行。二十六年，再申严禁，毋得以戎服临民，自是紫衫遂废。……乾道初，吏部侍郎王曮奏：'窃见近日士大夫皆服凉衫，甚非美观，而以交际、居官、临民，纯素可憎，有似凶服。陛下方丰两宫，所宜革之。且紫衫之设以从戎，故为之禁，而人情趋简便，靡而至此。文武并用，本不偏废，朝章之外，宜有便衣，仍存紫衫，未害大体。'于是禁服白衫……若便服，许用紫衫。"中华书局，1975 年。

〔2〕《宋史》卷一五三《舆服制五》："近年品官绿袍及举子白襕下皆服紫色，亦请禁之。"中华书局，1975 年。

〔3〕《东京梦华录》卷一零："驾行仪卫：……诸班直，亲从，亲事官，皆……短后打甲背子，执御从物。"《梦粱录》卷五《驾诣景灵宫仪仗》："诸殿直亲从官皆帽，衣带系红锦，或红罗上紫团搭戏狮子短后打甲背子。……天武官皆顶朱漆金装笠儿，衣红上团花背子。"又，李攸《宋朝事实》："皆有绯小绫罨画带甲背子……殿前诸班直皆服锦袄背子。"

上衣	袍[1]	长大衣，是宋代男子最为普遍的服饰之衣，无论贵贱均服之，但在身份使用上分为有官品者服皂服，无官者白袍，庶人布袍。皇帝之袍成为"龙袍"[2]。
	袄	供寒冬时穿用，内置棉絮，故称"棉袄"。
	雨衣	较高级的一种叫油衣，以涂有桐油的绸绢制成，不怕雨雪淋湿，较为低下的是蓑衣，多为下层劳动人民所用。因其多由莎草制成，故又称为"莎衣"。
	皂衣、布衣	由粗布制成，阔袖，多为下层劳动人民服用。
下裳	纁裳	纁色下装，皇帝在祭祀等场合服用。
	膝裤	用绸绢等上等面料制成，贵族男子多服用，是一种胫衣。
	红裙	用细绢等上等面料制成，贵族男子多服用。
	袜头裤	多用布帛制成，为下士服用。
	大口裤、练裤、襻头裤	多为仪卫军士服用。

〔1〕王栐《燕翼诒谋录》卷一《臣庶许服紫袍》："国初仍唐制，有官者服皂袍，无官者包袍，庶人布袍，而紫不得禁止。"

〔2〕皇帝之龙袍其品种有窄袍、衫袍、靴袍、履袍、绛纱袍、赭袍等。《宋史·舆服志三》曰："天子之服，一曰大裘冕，二曰衮冕，三曰通天冠、绛纱袍，四曰履袍，五曰衫袍，六曰窄袍。天子祀享、朝会、亲耕及视事、燕居之服也；七曰御阅服，天子之戎服也，中兴之后则有之。"

腰佩	腰带	是腰佩的主要组成部分，分为两类：第一类以皮革制成，称为革带，带首缀以钩𬭚，尾端垂头，带身饰以金、银、玉、犀角、铜、铁等材料制成的牌饰，并以戴"銙"质料，形状及数量区别等级，为官僚的专用品；另一类以绫、罗、绸、绉等织物制成，以布帛制成的宽幅腰带，称勒帛，用来系束锦袍，抱肚、背子等，宋代的腰带使用者有一定的制度规定，不能逾越。
	围肚	又称直系，以长幅布帛为之，男女通用。
	裹肚	又称"包肚""抱肚""袍肚"，是包裹在腰部的一种服饰。通常以纳帛、彩帛为之，阔幅，四角圆裁，考究者施以彩绣，周围镶有边饰。使用时加在袍衫之外，由身后绕至身前，用勒帛等系束。
	佩囊、锦囊	佩在腰间用以盛放零星细物的口袋，有布、佩挂在腰间。
	茄袋	又称"顺袋"因其造型与茄子相似而得名，佩挂在腰间放东西。
	佩珂	以美玉制成的饰品，是达官贵人流行之物。
	鱼袋 [1]	宋代公服上一种明贵贱的饰物，用玉、金、银等材料制成。
	绦	以丝编制而成的带子，长二丈有余，重复在腰间缠绕的一种配饰。

---

〔1〕沈德符：《万历野获编》卷一三载："唐宋士人，腰带之外，又悬鱼袋，为金为银，以制等威。"

表 2-19 明代男子礼服品类

等级	名称	穿着场合	时 间	形制内容
皇帝	冕服	祭天地、宗庙、册立、登基、正旦、冬至等大典礼。	洪武十六年（1383）	冕前圆后方，玄表纁里，前后有十二旒。衮玄衣黄裳，十二章、衣织日、月、星辰。山、龙、华虫六章，裳绣宗彝、藻、火、粉米、黼、黻六章，白罗大带，红里。蔽膝色彩与裳相同，绣龙、火、山纹饰，玉革带，玉佩，大绶六采，小绶三采。白罗中单，黻领，青缘襈。黄袜，黄鞋，金饰。
			洪武二十六年（1393）	冕版广一尺二寸，长二尺四寸。冕冠上有覆，玄表朱里。衮玄衣纁裳。中单用素纱织就，蔽膝用红罗。革带、佩玉、朱袜、赤舄。
			嘉靖八年（1529）	冠用圆匡乌纱覆盖，旒缀七采，玉珠十二。玄衣黄裳，衣、裳、各六章。朱袜、赤舄。
	通天冠服	郊庙、省牲，皇太子诸王冠婚、斋戒。	洪武元年（1368）	服通天冠、绛纱袍。冠加金博山，附蝉十二，首施朱翠。绛纱袍，如深衣制，白纱内单，皂色衣领、袖端、衣缘、前襟。绛纱蔽膝，白假带，白袜、赤舄。革带、佩绶与衮服相同。
	皮弁服	朔望视朝、降诏、降香、进表、四夷朝贡、外官朝觐、策士传胪（嘉靖后祭太岁、山川诸胜也穿）	洪武二十六年（1393）	皮弁用乌纱覆盖，前后各十二缝，每缝缀十二块五彩玉作装饰，玉簪为导，红色丝线帽缨，其服为绛纱衣，蔽膝随衣之色，白玉佩革带，白袜，黑舄。
			永乐三年（1405）	皮弁如旧制，只有缝及冠武并贯簪系帽缨之处，用金玉装饰，仍用绛纱袍，本色领、褾、襈、裾。红色裳，不织章数，中单、红色领、褾、襈、裾。
	武弁服	亲征遣将时用。	嘉靖八年（1529）	弁用绛纱覆盖，上锐，十二缝，用五彩玉作装饰，衣用韎衣，韎裳，韎韐均为赤色，舄如裳色。

等级	名称	穿着场合	时 间	形制内容
文武官员	朝服	大祀、庆成、正旦、冬至、圣节、颁诏、开读、进表、传制。	洪武六年（1373）	梁冠、白纱中单，青色领缘，赤罗裳，青缘，齿罗蔽膝，大带用赤、白二色绢制，革带、佩绶、白袜、黑履[1]。
			嘉靖八年（1529）	梁冠基本如旧式，上衣赤罗青缘，长过腰指七寸，不使掩下裳。中单白纱青缘。裳用前三幅，后四幅，每幅用三襞积，赤罗青缘。蔽膝缀玉带。绶，各从品级花样。
			万历五年（1577）	正旦朝贺不得着朱履，冬天时不得带暖耳[2]。
	祭服	亲祀郊庙、社稷、分献陪祀。	洪武二十六年（1393）	一品至九品，青罗衣，白纱中单，均为皂色领缘。赤罗裳，皂色缘。赤罗蔽膝，方心曲领。冠带、佩绶等差与朝服同。文武官员家用祭服，三品以上去掉方心曲领，四品以下，再去掉佩绶。
			嘉靖八年（1529）	上衣青罗，皂色缘，与朝服相同。下裳赤罗，皂色缘，与朝服同，蔽膝，绶环，大带，革带，佩玉，袜履均与朝服同[3]。

----

〔1〕朝服样式，从一品至九品，以官员的高低确定冠上梁数。公冠八梁，加笼巾貂蝉，立笔五折，四柱，香草五段，前后玉蝉。侯七梁，笼巾貂蝉，立笔四折，四柱，香草四段，前后金蝉。伯七梁，笼巾貂蝉，立笔二折，四柱，香草二段，前后玳瑁蝉。以上勋戚朝服均插雉尾。驸马、侯不插。其他文武官员朝服：一品，冠七梁，不用笼巾貂蝉，革带与佩俱玉，绶用黄、绿、赤、紫成云凤四色花锦，下结青丝网，玉绶环二；二品，六梁，革带，绶环犀，余同三品；五品，三梁，革带银，镂花、佩药玉、绶用黄、绿、赤、紫织成盘雕花锦，下结青丝网，银镀金绶环二；六品、七品，二梁，革带银，佩药玉，绶用黄、绿织成鹨鶒两色花锦，下结青丝网，铜绶环二。

〔2〕周锡保：《中国古代服饰史》，中国戏剧出版社，1984年，第397页。

〔3〕凡有人吊丧，一般都用素服，或者冠带，白圆领，称为"羔裘"。陈高华等：《中国服饰通史》，宁波出版社，2002年，第446页。

等级	名称	穿着场合	时间	形制内容
文武官员	公服	每日早晚奏事、侍班、谢恩、见辞，在外文武官员每日公座。	洪武二十六年（1393）	盘领右衽袍，用纻、丝、纱、罗、绢制成，袖宽三尺。一品至四品，绯袍；五品至七品，青袍；八品，九品，绿袍；未入流杂职官，袍、笏、带与八品以下相同。其等级除以色彩区分高低外，也以袍上绣纹作为区分标准。戴幞头、漆纱为之，展角长一尺二寸。腰带一品用花或素玉；二品犀，三品、四品金荔枝；五品以下用乌角。鞋用青革。着皂鞋。
			万历五年（1577）	常朝只穿朝服，到如朔、望之日朝参时穿公服，常朝只用穿本等锦绣服色。如遇雨雪天，允许穿雨衣。
内臣	礼服	朝会	洪武元年（1368）	乌纱描金曲脚帽，穿胸背花盘领窄袖衫、乌角带，靴用红扇面黑下柱。小内使其服饰与庶民同。
			洪武三年（1370）	内臣纱帽与群臣有别，无朝冠、幞头、祭服[1]。
科名人士	礼服	御前领赐、谢恩	洪武三年（1370）	状元：冠二梁，绯罗圆领，白绢中单，锦绶，蔽膝，纱绢，槐木笏，光银带，药玉佩，朝靴，毯袜。
				进士：巾如纱帽，顶微平、展角阔寸余，长五寸许，系以垂带，皂纱制成，深蓝袍，青罗缘，袖广而不杀。槐木笏、革带、青鞓，用黑角装饰，垂下挞尾。
				生员：襕衫，玉色布绢制作，宽袖皂缘，皂绦软巾垂带。
			洪武二十三（1390）	定儒士、生员之衣自领至裳，去地一寸，袖长过手，复回不及肘三寸。

---

〔1〕《明史》卷六七《舆服志三》，中华书局，1975年。

等级	名称	穿着场合	时 间	形制内容
科名 人士	礼服	御前领赐、 谢恩	洪武二十四 （1391）	命工部制士子巾服之式与吏胥区别。
			谢恩	允许生员戴遮阳帽。
			洪熙元年 （1425）	监生服为青色圆领。
庶民	礼服	成婚	洪武三年 （1370）	成婚可借用九品官礼服。戴四方 定巾，杂色盘领衣，不许用黄色， 不得用金绣、锦绮、纻丝、绫罗， 只能用绸、绢、素纱。靴不得裁制 花样，用金线装饰。
			洪武六年 （1373）	巾环不得用金玉、玛瑙、琥珀。帽 不能用顶，帽珠只许用水晶，香木。
			洪武二十二 （1389）	耆民：袖长过手，复回不及肘三寸。 庶民：衣长去地五寸，袖长过手六寸， 袖柱广一尺，袖口五寸。
乐工	礼服	御前供奉	洪武三年 （1370）	大乐工、文武乐工：曲脚幞头，红 罗生色画花大袖衫，涂金束带，红 绢拥项，红结子，皂皮靴。
				教坊司乐艺：戴"卍"字顶巾，系 红绿褡膊[1]。
				御前色长：戴吹鼓冠，穿红青罗纻 丝彩画百花袍，系红绢褡膊。
				御前供奉俳长：戴吹鼓冠，穿红罗 胸背小袖袍，系红绢褡膊，皂靴。
				歌工：弁冠，红罗织金胸背大袖袍， 红生绢锦领中单，系黑角带，红熟 绢锦脚袴，皂皮琴鞋，白棉布夹袜。
				教坊司官：执粉漆笏，黑漆幞头、 黑罗大袖襕袍，黑角偏带，皂靴。
			洪武十五年 （1382）	红绢彩画胸背方花小袖单袍，花鼓 吹冠，锦臂韝，皂靴，抹额用红罗 彩画红绢束腰[2]。

〔1〕褡膊：为一种布制长带，中有口为袋，可放钱物，平时束腰间，亦可肩负
或手提，又称褡裢。陈高华等：《中国服饰通史》，宁波出版社，2002年，第449页。

〔2〕抹额，也称抹头，是一种束额巾。古代武士多用抹额，明代成为乐工服饰。
陈高华等：《中国服饰通史》，宁波出版社，2002年，第449页。

等级	名称	穿着场合	时间	形制内容
皂隶公人	礼服		洪武三年（1370）	圆领巾，皂衣。
			洪武四年（1371）	皂色盘领衫，平顶巾，系白褡膊，带锡牌。
			洪武十四年（1381）	淡青色服。

表2-20 明代男子便服定制

等级	名称	时间	形制内容
皇帝	常服	洪武三年（1370）	乌纱折角向上巾，盘领窄袖袍，束金、琥珀、透犀等带。
		洪武二十四年（1391）	网巾上下通服。
		永乐三年（1405）	乌纱帽，折角向上（后称"翼善冠"）。黄袍，盘领，窄袖，前后及双肩织金盘龙，玉带，皮靴。
太子、亲王	燕服[1]	嘉靖七年（1528）	冠匡如皮弁制成，以乌纱为帽，分12瓣，各用金线相压，前后各装饰一五彩玉云，后列四山，条缘为组缨，双玉簪。玄色衣，青边，两肩绣日月，前盘圆龙，后盘两方龙，衣边加81条龙纹，领与两祛50条龙纹，衽与前后齐共49条龙纹，衬黄色，袂圆祛方，下齐负绳及踝12幅，素色带，朱里青表，绿边，腰围九条玉龙。玄色履，朱缘边，红色缨，黄色结。
	常服	洪武元年（1368）	为乌纱折上巾
		永乐三年（1405）	改戴"翼善冠"，赤袍，盘领窄袖，前后、两肩各金线织盘龙，玉带，皮靴。
	燕服	嘉靖七年（1528）	保和冠。其式为后山一扇分画为四，服用青质加青缘，前后方龙[2]。

〔1〕所谓"燕弁之服"即是燕居法服，此服根据《礼书》"玄端深衣"之制，又有辨上下等威之仪，取名"燕弁"，暗寓皇帝虽独处深宫，也要以燕安为戒的意思。陈高华等：《中国服饰通史》，宁波出版社，2002年，第450页。

〔2〕《明史》卷六六《舆服志二》，《明会典》卷六〇《亲王冠服》，"保和冠"之义，为"礼之所保、保斯和，和斯安"。

等级	名称	时 间	形 制 内 容
文武官员	常服	洪武三年（1370）	乌纱帽、圆领衫、束带（致仕或侍亲辞闲官员也可服用）。
		洪武二十四年（1391）	定用补子分别品级[1]。
		洪武三十年（1397）	定致仕官服色与现任官相同，遇朝贺、谢恩、见辞服原任官服。
	燕服	嘉靖七年（1528）	定为"忠靖冠服"。冠如玄冠，乌纱制成，后列两山，平顶，中略高起三梁，各压金线，边用金缘。四品以下去金边，缘改用浅色丝线。服如玄端服，色深青，纻丝、纱罗制成。三品以下云纹，四品以下素地、边缘用蓝、青，前后用本等花样补子装饰。衬以玉色深衣、素带，素履，白袜[2]。
内臣	常服	洪武三年（1370）	蟒服，制如曳撒，左右各绣一蟒，系鸾带[3]中期以后，内臣常服大多僭妄，至明末，违例穿戴更是变本加厉。
生员	常服	洪武三年（1370）	四角方巾，服各色花素绸、纱、绫、缎道袍。
		嘉靖四十一年（1562）	开始追求纨绮华服，以至于锦绮镶履。方巾佩戴已滥，创新出多种样式[4]。

---

〔1〕《文武官员常服束带分别为：一品，玉带；二品，花犀；三品，金钑（sa4）花；四品，素金；五品，银钑花；六七品，素银；八、九品，乌角。直到万历年间，才定下一般官员只用金、银花素二色。陈高华等：《中国服饰通史》，宁波出版社，2002 年，第 460 页。

〔2〕《明史》卷六七《舆服志三》。"忠靖"之意无非是让文武官员"进思尽忠，退思补过"。

〔3〕"曳撒"，颜色青红不等。穿红色曳撒的内臣称"穿红近侍"有权势的贵近内臣，则穿"红蟒贴里"。同时，他们还在膝襕下加一襕，称作"三襕"。陈高华等：《中国服饰通史》，宁波出版社，2002 年，第 451—452 页。

〔4〕生员创新的巾式有：九华、凌云、三台、云霞、五常、唐巾、治五、汉巾，甚至出现了悉更古制的"时样"，即时装。陈高华等：《中国服饰通史》，宁波出版社，2002 年，第 454 页。

表2-21 明代女子主服品类

类别	名称	形制
上衣	鞠衣	皇后每年三月祷告桑事时服用,袍制,黄色料,内衬里为白色。
	翟衣[1]	贵族妇女礼服,在受册、朝会、从蚕及外命妇出嫁服用。
	霞帔	起源于南宋,原为后妃常服,后赐给宫外命妇服用。
	大袖衣	命妇礼服,因两袖宽博得名,婚丧之事均可服用。
	背子	贵贱通服之,长袖,长衣身,两腋开衩,下长过膝,领型为直领对襟式。
	半臂	短袖长衣,侍女中颇为流行。
	背心	一般女子常服,形似现代背心样式。
	官衫	又称官衫帔子,是官妓在接客承应时所穿礼服。
	宽衫	宽阔肥大,为妓女在歌舞中使用。
	抹胸	妇女内衣,因其不施于背、仅覆于胸得名,穿时上覆于胸、下垂于腰。腰间制有襞积,左右各缀肩带。
	婆衫	西南少数民族妇女流行,长度及腰,形如方帕,左右两缝合成袖口。
下裳	百褶裙	又称百叠裙、碎褶裙、贵贱通服之。裙裥褶细密繁多。
	旋裙	前后开衩,褶裥相叠,便于妇女出行。
	长裙	盛行于唐,至宋犹然流行于贵族妇女之中。
	石榴裙	色如石榴而得名,深受妇女喜爱。
	赶上裙	又称上马裙,南宋末年理宗时宫妃所制,前后掩裙,长度及地。

---

〔1〕据《宋史·舆服志三》载:"青罗绣为翟,编次于衣及裳。第一品,花钗九株,宝钿准花数,翟九等;第二品,花钗八株,宝钿准花数,翟八等;第三品,花钗七株,宝钿准花数,翟七等;第四品,花钗六株,宝钿准花数,翟六等;第五品,花钗五株,宝钿准花数,翟五等。"中华书局,1975年。

类别	名称	形 制
下裳	黄罗销金裙、段红长裙	士富贵族妇女服用。
	裤	开裆裤：裆不缝合的裤子，男女皆服用，一般用于衬里，从胫衣发展而来。
		合裆裤：满裆内裤。
		无裆裤：套裤，仅有裤管，不缀裤裆，男女皆服用，一般用于衬里。
	胫衣	膝袜：似袜袎，无底，著时紧束于胫，上达于膝，下及于履，通常以布帛为之，考究者施以彩绣或珠翠。
		钓墩：形似袜袎，无腰无裆，左右各一，紧束于胫，上达于膝，下及脚踝，膝下用带系缚[1]。
腰佩	腰带	合欢带：两种颜色彩丝交相编结而成，年轻妇女喜爱，佩于裙边象征男女恩爱。
		鸳鸯带：两种不同颜色丝缕合编而成，年轻女子用作定情信物，象征相亲相爱。
		玉环带：用丝结成带子系结玉环，由秦汉印绶演变而来，悬挂在腰间，左右各一。
		同心带：绾有同心结的衣带
		香缨：又称香璎，女子出嫁时系在衣襟或腰间的彩色带子，因兼系有香囊等物得名。
		流苏：以五彩羽毛或丝线编织而成的带穗。
	玉佩	玉佩：贵族妇女佩用，一般装饰于裙子两侧。
		玉环：妇女压裙之物，裙侧各挂一个，除玉石外，还以金银等材料制成环形、兽鸟、花卉等图案，以丝绦或绸缎串成一串挂于裙侧。
	香囊	绣囊：妇女常用饰物，佩挂于腰际贮放杂物。
		香囊：妇女常用饰物，贮放香料佩于腰际或胸襟、袖中。

---

〔1〕《宋史·舆服志五》载："是岁（宋徽宗政和七年，1117），又诏敢为契丹服若毡笠、钓墩之类者，以违御笔论。钓墩，今亦谓之袜裤，妇人之服也。"中华书局，1975年。

表 2-22 明洪武年服饰等级制度规定

品类	时间	内容
面料	洪武六年（1373）	王公贵族、职官：可享用锦绣、纻丝、绫罗等服饰面料[1]。
		庶民百姓：只能用绸、素纱面料。
		商人：只能用绢、布面料。
样式	洪武六年（1373）	职官：乌纱帽、圆领袍、腰束带、黑靴。在此基础上又以袍上所绣动物区分品级[2]。
		阴阳、医学等技艺之流：有冠带。
		教官：无冠带（冠服与士人未入仕者相同）。洪武二十五（1392）规定教官上任均赐衣服，"使之所重"。洪武二十六年（1393）诏曰："给学校训导冠带。"
	洪武五年（1372）	二月规定文武官员命妇服饰包括大衣、霞帔，以霞帔上金绣纹饰区分命妇等第。民间妇女礼服只能用素染色，不能用纹绣。
		九月又规定命妇礼服为圆衫，红罗料，上绣重雉区别等第[3]。
		闺中女子：二十而笄，其服饰一概为三小髻，金叉珠头巾，穿窄袖褙子。
		乐工：戴青色"卍"字巾，系红、绿两色帛带。
		乐妓：戴名角冠，穿皂色褙子。
	洪武二十一年（1388）	乐妓：禁止再戴冠，穿褙子。

---

[1]《明太祖实录》，卷八一，洪武六年夏四月癸巳条载：一品、二品官用杂色文绮、绫罗、彩绣、帽顶、帽玉用玉；三品至五品官，用杂色文绮、绫罗，帽顶用金、帽珠除玉外，其他可以随意使用；六品至九品官，用杂色文绮、绫罗，帽顶用银，帽珠用玛瑙、水晶、香木；庶民百姓用绸、绢、纱、布，巾环不许用金、玉、玛瑙、珊瑚、琥珀等作为饰物；掾史、令史、书吏、宣使、奏差等杂职，凡是未入流的官员所用均与庶民相同，帽不用顶，帽珠可以用水银、香木；校尉束带、幞头、靴鞋，雕刻杂花象牙绦环，其余与庶民同。

[2]除在袍上绣动物区分品级外，尚有两项特殊规定：1.从一品到六品的职官，可以穿四爪龙图案服色，并用金绣制。2.勋戚之家，只有合法继承爵位的嫡长子一人可以用纱帽束带，即用文官服色，其余只能用武官品级服色。

[3]《明太祖实录》卷七六，洪武五年九月己丑条规定："命妇礼服一品九等，二品八等，三品七等，四品六等，五品五等，六品四等，七品三等，其余则不用绣雉。"

品类	时间	内容
样式	洪武二十四年（1391）	生员：软巾，腰系垂带，着襕衫（玉色绢布、宽袖、皂色缘、皂色绦）。
		监生：青袍，遮阳帽。
		命妇：礼服样式又一次改变[1]。
	洪武三十年（1397）	令史，典吏均戴"吏巾"。
尺寸	洪武二十三年（1390）	文官：衣长自领至裔，离地一寸，袖长过手，复回至肘，袖柱广一尺，袖口九寸。
		公侯、驸马：与文官相同。
		耆民、儒生、生员：衣服尺寸与文官同，衣袖稍短，过手复回，不及肘三寸。
		庶民：衣长离地五寸，袖长过手六寸，袖柱广一尺，袖口五寸。
		武职：衣长离地五寸，袖长过手七寸，袖柱广一尺，袖口仅出拳。
		军人：衣长离地七寸，袖长过手五寸，袖柱广不过一尺，窄不过七寸袖口，袖口仅出拳。
色彩	洪武十四年（1381）	服色所尚赤色，官员服色以赤色为尊，规定玄、黄、紫三色为皇家专用，官吏、军民服装均不许用此三色。
巾帽	洪武二十二年（1389）	文武官员：遇雨天可戴雨帽，公差外出可戴帽子，入城则不许。
		将军、力士、校尉、旗军：平常只能戴头巾，或"脑"。
		官下舍人、儒生、吏员、平姓：平时只能戴本等头巾。
		农夫：可戴斗笠、蒲笠出入市井，不从事农业者不许。
靴	洪武二十五年（1392）	文武百官并同籍父兄、伯叔、弟侄、子婿、儒士、生员、吏典、知印、承差、钦天监文生、太医院医士、瑜伽僧人、正一教道士、将军、散骑舍人、带刀之人、正伍马军、马军总小旗、教读《大诰》师生等可以穿靴，出外则不许。其他庶民百姓，不许穿用，只能穿用"皮札䩺"。

〔1〕洪武二十四年规定："公、侯、伯命妇与一品命妇相同，穿大袖衫，用真红色，金绣云霞翟纹，冠金饰；二品至五品，纻、丝、绫、罗随意使用，其中二品命妇金绣云霞翟纹，三品，四品，金绣云霞孔雀纹，五品绣云霞鸳鸯纹，二品至四品冠用金，五品至九品冠用抹金银饰；六品至九品，绫、罗、绸、绢随意使用，霞帔，褙子，均用深青色缎匹。"《明会典》卷六一《命妇冠服》，中华书局，1989 年。

第三节 足 衣

足衣，顾名思义是指人穿在脚部的一切服饰总称，也叫"足服"，现代人称之为"鞋"。最初的足衣是用兽皮包裹在脚上的"兽皮袜"或"裹脚皮"，后逐步演变，在新石器时代就已出现靴和有鞋翘的足衣样式。目前，虽无实物与文献资料作为参考，但从大量出土陶制品造型可以清晰了解到足衣变化状况。经历夏、商、周三代的发展，足衣类型不仅出现"帮底分件"和"反绱"工艺皮质鞋，还出现了丝履、草鞋、纳底鞋以及木屐和泡钉靴等，为汉服足衣发展奠定坚实基础。其中皮质鞋的"反绱"工艺至今仍为中国制鞋业的主要手段之一。秦代军事强大，建立了专门的军需制鞋工厂及制鞋标准。西汉汉族建立，

图 2-35 玉门出土彩陶靴
选自《中国服饰通史》

汉服足衣在前代的基础上有了更深发展，不仅鞋翘出现"分歧"，还出现由两片和成、有花型的靴帮。魏晋南北朝时，汉服足衣开始有了织成履及各式木屐。隋唐时期崇尚鞋头高耸，因此出现了许多高头履的样式。另外，这一时期民族融合、社会风气开放，使得靴子流行甚广（图 2-35）。从五代开始由于女子缠足，出现俗称"三寸金莲"的莲鞋。此风一直蔓延至宋代达到高峰，成为女子普遍服用的足衣样式。明代开始，出现双梁鞋及官员可以服用的"钉鞼"。

表2-23 历代足衣形制发展分析

朝 代	特 点	出土或传世鞋履
新石器时代	出现靴和鞋翘	彩绘陶靴
夏	出现"帮底分件"和"反绱"工艺并已经有丝履	新疆苏贝西古墓出土的"世界第一靴"
商	出现皮胫甲和"皮鞋",贵族多穿用革履与绸鞋,平民和奴隶则跣足或穿粗毛布鞋、草鞋。	皮制鞋
周	出现纳底鞋、木屐和铜泡钉靴,皮靴配以装饰物是从东周开始。	铜泡钉靴及锦面麻屦(沈阳东周武士铜泡钉皮靴,山西侯马东周墓出土东周武士俑纳底鞋)
秦	出现军需制鞋工厂和制鞋标准	兵马俑的将军靴、骑兵靴、步兵和弓手方口方头履及纳底鞋
汉	鞋翘始有分歧,靴帮有两片合成,帮面挑出"X"形花纹	青丝双尖分歧履和"天下第一革鞋"
魏晋南北朝	出现一次织成履和鎏金铜钉屐	织成履、漆彩屐、双齿屐和鎏金铜钉屐
隋	出现六合靴(即:六合鞿)	如意头陶鞋
唐	出现高头履及乌皮靴	云头锦履、高头麻履、乌皮靴及帝王赤舄,如意头薄鞋(新疆吐鲁番阿斯塔那唐墓出土)
五代	开始有缠足(俗称"三寸金莲")	尖足鞋
宋	"三寸金莲"广泛普及,且出现高头弓鞋,靴统则喜红色	高头弓鞋、宋墓出土的(女干尸)周氏缠足及缠足鞋,南宋墓出土的尖足银鞋。
辽金西夏元	靴又开始盛行:错络缝乌靴,长革幼尖头靴	尖头弓鞋、睡鞋、缠足袜。西夏原始皮制僧履。
明	出现双梁鞋,钉鞾(有钉的雨鞋,文武官员均用),黑缎靴,云舄(远游时常穿着)	帝王毡靴,缎靴,翘尖弓鞋,双梁铜鞋
清	盛行花盆底鞋(即:高底鞋),如同现在款式的草拖鞋,"千层底"	帝后王子靴鞋(德国皮鞋博物馆收藏的草拖鞋),"千层底布鞋"
民国	出现了包括高跟皮鞋在内的真正意义上的"现代皮鞋"及胶鞋	

表2-24 汉前皮革鞋演化进程

时间	演化进程	款型特点
旧石器时代	"兽皮袜"或"裹脚皮"出现	其造型酷似带皱的包子,之后演变为"烧卖式"皮鞋
中石器时代	"缝纫皮鞋"出现	仍处于帮底不分的"兽皮鞋"状态,原始缝纫并没有使原始鞋履有划时代的突破
新石器时代	帮底分件的皮鞋出现"新疆楼兰女干尸脚上的皮鞋"	靴统与鞋底由两部分组合而成,基本符合今天帮底分件的要求。
夏、商	"皮鞋"业与制革业已初具生产规模,出现薄底翘尖皮履。	如同翘尖船的样式。多为武士穿(河南安阳出土的商代玉人)
周	皮制鞋履开始流行,鞋饰作为服饰生活的一部分,也被纳入"礼制"范围。有专门的"屦人"来掌管和分配天子、王后的鞋履	沈阳出土的西周武士的皮靴,上面用铜泡钉做装饰,靴统与靴底用的是同质皮料。
春秋	皮革制鞋的生产更正式,分为五个生产部门:涵、鲍、韗、韦、裘进一步促进了"皮鞋"业的发展。出现拼缝皮鞋。	拼缝皮鞋是长沙楚墓出土,鞋底皮靴鞋面更为坚硬,鞋面由三块皮革拼缝而成。
战国	皮靴普遍出现在军事生活中	赵武灵王实行"胡服骑射",自此皮靴成为中原汉民族鞋饰的一部分。
汉	"反绱"皮鞋的出是中国制鞋世上最伟大的成就之一,直至今日,这一工艺仍是中国最主要的制鞋手段之一。	在新疆出土的西汉皮靴,已采用反绱(反上)工艺

汉服足衣的品类丰富、样式多变,从材料分有丝制、皮质、木质、麻制等;从用途分有祭祀用得舄,睡觉用得卧履,雨天专用的油靴等;从样式分有高统靴、低帮鞋、弓鞋等可谓丰富万千。主要类别如下:

舄,出现于商周时期,是古代足衣中最为尊贵的一种,为品第高贵男女行大礼时与冠服相配的吉鞋。《释名·释衣服》载:"複其

下曰舄。舄，腊也。行礼久
立地或泥湿，故複其下，使
干腊也。"[1]可见此乃为双重
底礼鞋，上层底用皮或布、
麻制成，下层一般以木材为

图 2-36　宋代舄

选自《三礼图》

之。舄面通常用染色皮制成，再加"绚""繶""纯"等饰物。绚，至于
鞋尖中部，在其两侧各留一孔用以穿"綦"绑系，既起到装饰与实
用的作用，又达到规范人行为举止的目的；繶，是鞋帮与鞋底之间
用丝绦镶滚的牙条，根据行礼内容而选用颜色；纯，是鞋口的丝质
滚边。绚、繶、纯的颜色区别于舄面色彩，舄有赤、白、黑、青、玄
五种颜色，服用时必须与冠服色彩一致，君王、诸侯服赤、白、黑
三色；王后命妇服玄、青、赤三色，由专人统一管理。战国时期各
国硝烟迷茫，此制一度消失，汉魏时才得以恢复。北朝时在旧制的
基础上改用双层皮底之样式。隋代尊崇传统，又恢复旧式，但加金
以装饰。唐代承袭旧制，只是命妇之舄由过去的玄色最贵变为青色。
宋、元、明历代沿用，并加缀各式装饰彰显尊贵，直至清朝政府废
除汉服而消亡（图 2-36）。

　　履，古代鞋子的统称，战国以前被称之为"屦"，由于履形与船
型相似，故《说文解字·履部》云："履，足所依也。从尸，从彳，从夂，
舟象履形。"[2]国人很早就掌握养蚕抽丝织料的手段，汉以后丝履服
用广泛，有锦履、缎鞋等多个品种，上至皇帝诸侯下至庶民百姓均
喜服用，有的用丝帛为料直接缝制鞋履，也有的在履上加缀丝料用
以装饰。到了宋代，宫廷不仅设有生产及管理丝履的机构——"丝
鞋局"，民间也出现了专门生产此鞋的作坊和店铺，足见丝履在汉服

　　〔1〕〔汉〕刘熙：《释名》卷五《释衣服第十六》，中华书局，2008 年，第 177 页。

　　〔2〕〔东汉〕许慎撰、〔清〕段玉裁注：《说文解字》，上海古籍出版社，1981 年，
第 241 页。

图 2-37 宝相花纹云头锦鞋
新疆吐鲁番阿斯塔那出土

足衣中受广大人民喜爱的程度。汉服鞋履样式繁多,主要在头、跟、底三部分变化,以履头样式为例,有圆头履、方头履、歧头履、高头履、笏头履、小头履以及云头履、虎头履、凤头履等,形制变化复杂、多样,不胜枚举。其装饰手法丰富,有用丝线施绣的"绣鞋"或"绣履",有用五彩丝缕在鞋口镶缘的"缘边",以及镶嵌各式珠宝的"珠履"等,极尽奢华(图 2-37)。

表 2-25 丝履的历代演变特点

年代	演化进程	出土或传世鞋履
商	已能制造极为精良的绸、锦,贵族已开始穿着色彩华丽的绸鞋,奴隶和平民仍穿麻草鞋或布鞋,从周代起制鞋技艺正式朝专业化方向发展。	至今未见实物,但在典籍中已有记载。
春秋	春秋晚期的齐国不仅织工技巧著名,且鞋履做工也最为精细,被称为"冠带衣履天下"。除丝鞋外,王公已开始穿珠履。	至今未见实物,但在典籍中已有记载。
秦	随着纺织刺绣的发展,鞋履逐渐从质朴走向华丽。	在履上绣以云露花草纹已非常多见,更有甚者,王公贵族还在鞋履上饰以金银珠玉。
汉	汉初鞋履以素色为主,至中期绣花丝履开始盛行。	西汉时纺织业是手工业中的重要部门,当时的纺织原料又以丝为主,同时,在山东有了专业的绣工,因此,刺绣鞋履在汉代中后期发展迅速。

年代	演化进程	出土或传世鞋履
魏晋南北朝	丝履依然十分流行。曾出土过一双迄今为止中国制鞋业世上最杰出的晋代丝履实物，同时出土的回纹锦鞋所耗用的氄布是南北朝以前从未有过的制鞋丝绒材料。	新疆吐鲁番阿斯塔那东晋墓出土的编织履，上面有"富且昌宜侯王天延命长"字样，履用褐、红、白、蓝、黄、土黄、绿等颜色的丝线编织而成，且一次编制成整个鞋帮，并同时将各种色彩十个字形图案编入其中。
隋	舄的鞋面仍以帛为面，底以皮为料而不用木了。	
唐	珠履仍然延续，同时出现的锦鞋材料与制作工艺为古代所罕见。	新疆吐鲁番阿斯塔那古墓出土的云头锦鞋及高头锦履从造型、材质到做工都达到了极高的水平。
宋	其鞋饰以锦缎为主，上面绣以各种图案，按材料、制法、装饰又分为绣鞋、锦鞋、缎鞋、凤鞋及金镂鞋等。不缠足的女鞋有圆头、平头、翘头等式样，同时在鞋帮上边有花鸟纹样。	此时已能制造长度不过2厘米的针了，它的出现对绣花鞋工艺的提高与发展起到了非常重要的作用。
明	万历年间禁止一般人穿锦缎鞋履，只允许贵族官吏穿着。	江西南城县出土的明代藩王益宣王朱翊引和李、孙二妃合葬墓中出土有黄锦鞋、靴各一双，其中靴内绸布垫下填有丝棉，其制法又成为另一特例。

表2-26 历代鞋翘演变特点

年代	演化进程	出土或传世鞋履
新石器时代	在陶器上的人物穿着已出现最早的鞋翘形象	马家窑文化时期彩陶人形浮雕壶中人物已穿翘尖鞋（青海乐都县柳湾出土，距今约550年）
商	鞋翘已十分普遍成为一部分人的装束	1935年第12次发掘殷墟时，在侯家庄西北冈HPKM1217墓发现一石刻人像，着裹腿和翘尖鞋。

年代	演化进程	出土或传世鞋履
春秋	对履头前翘十分重视，并有专门的记载。	在履头的前翘上有绚，可以穿系鞋带
汉	出现履头绚有分歧头履	湖南长沙马王堆一号墓和湖北汉陵凤凰山 168 号墓均出土过双尖翘头的岐头履。
魏晋南北朝	鞋履丰富，款式各异。凤头、立凤、玉华飞头履为妇女所穿，其他为男子所穿。	晋：凤头履、云头履。梁：分梢履、立凤履，琴面履。陈：玉华飞头履。西晋：鸠头履、歧头履等。
隋	出现如意状鞋翘	隋开皇二十年（600）迁葬的王幹墓内发掘出陶鞋一双，鞋翘呈如意状。
唐	唐代鞋翘多为高头鞋翘形式，有圆的，方的，尖的，分为数瓣的，增至数层的。	吐鲁番出土的变体宝相花纹高头锦履，帮用变体宝相花锦，前端用红底花鸟纹锦，衬里用六色条纹花鸟流云纹锦缝制，极为绚丽。
五代	缠足之风开始盛行	始于五代的尖足鞋即"三寸金莲"。
宋	受五代缠足之风的影响，产生了翘尖小脚鞋	南宋墓出土了一双鞋翘高达七、八厘米的尖足银鞋。
明	受元朝服饰的影响，上层穿靴，一般平民仍以穿鞋为主，其制鞋技艺水平的界定仍以鞋翘为标志，并出现了许多丰富多彩的样式。	王锡爵夫妇合葬墓出土了一双云头如意纹白布底黄缎面男鞋。
清	清鞋履日趋形成"平头鞋"新格局，仅帝王达贵的靴鞋前段略微上卷，但并无明显的鞋翘状态，但少数民族仍保留着浓郁的鞋翘色彩。	

靴，原为北方少数民族足衣形式，称为"络鞮"，春秋时期随赵武灵王倡导"胡服骑射"传入中原，是民族交融的产物。其样式主要变化在靴筒部位，有高、中、低三种形式；其制作用材通常以皮革为主，也有用布、毡、草等质料加工成形的。最初，靴子只用于军旅，传至民间多为北方寒冷地区男女御寒服用。直到隋代，一种用六块黑色皮料缝

图2-38 高筒毡靴
（江苏扬州出土）

合相拼的长筒靴子被正式纳入服制，成为百官常服样式之一，得名"六合靴"，代表东、西、南、北、天、地相合。唐代民族融合、民风开放，胡服的流行更带动了靴子的发展，不仅男人服用，女子也常穿着。唐朝初年承袭隋制仍用长款靴式，后因中书令马周倡导改为短筒轻便样式。宋代靴式日趋华丽，加缀绚、缯、纯、綦等饰物美化靴子形象，但庶民百姓不得之。女子由于缠足所穿"弓靴"，其形制实际上与现实意义上的靴子有很大区别。此后，靴子不断发展，到了明代出现了一种圆头、厚底、底表为白色的"粉底靴"。此外，明初百官遇雨还可穿一种浸过桐油之布帛制成的"油靴"上朝，后不久被废（图2-38）。

表2-27 靴的历代演变特点

年代	演化进程	款型特点
新石器时代	帮底分件的皮鞋的出现是迄今在世上年代最久远的皮靴。	出土于新疆楼兰，靴统与鞋底由两部分组合而成，属于帮底分件开始的最早例证。
周	在皮靴上配装饰物是从这个时代开始的	沈阳出土过西周武士的皮靴，上面用铜泡钉做装饰，靴统与靴底用的是同质皮料。
战国	皮靴普遍出现在军事生活中。	赵武灵王实行"胡服骑射"，自此皮靴成为中原汉民族鞋饰的一部分。

年代	演化进程	款型特点
汉	靴已采用延续至今的反绱工艺，并出现锦靴	靴帮由两片反绱合成，帮面用红色羊毛线挑出"X"形花纹，锦靴即用锦料制成的靴，柔软，华丽。
魏晋南北朝	"窄袖短衣长鞠靴"占主导地位	中原衣冠多胡服，长鞠靴成为普遍足服。
隋	六合靴出现（出现六合鞜）	以皮革部件镶拼制作鞋帮，隋文帝上朝亦穿用。
唐	红色锦鞠靴多为官人喜爱。同时赵武灵王的短鞠靴黄皮靴在唐代去其鞠改为靴甂，后用羊皮制作，装上带子被妇人常穿用。长筒乌皮靴也是唐代最具代表性的靴子，文武皆穿着。	乌皮靴成尖头状，底长30厘米，宽9.5厘米，通高54厘米，外表除底部外，全部染成黑色。
宋	靴统则喜红色，因缠足之故，穿靴女子较唐代大为减少。	宫人穿的靴子，头部多为凤角样式，靴鞠也有用织棉制成的。
辽金西夏元	辽代多穿错络缝靴，皇后常穿红凤花靴，金代妇女多穿乌皮靴或球靴，元代盛行方头靴，宫人及贵族多红靴	此时代多为少数民族统治，且靴饰颇多，如：鹅顶靴、鹄嘴靴、云头靴、脽靴、高丽式靴等。
明	钉鞜出现。明后期官员贵族多着黑缎靴，同时皮靴在明代"底软衬薄，其里则用布边，与圣上履式同，但前缝少菱角，且少金线耳"。	钉鞜是一种文武官员在雨天普遍穿着的鞋，与新疆沿用至今的一种套靴颇为相似。
清	在前代的基础上，清代的靴子进入了全盛时期，在面料上一般春秋则用缎，冬则用建绒，同时还有鹿皮子靴，彩色挖云皮靴等。	清代用作戎装之靴皆为薄底，以其轻便而有利战事，平时所着之靴一般靴底较厚，合乎清代靴鞋高底的形制。

以上内容仅为冰山一角，不能全面代表汉服足衣的全部，还有许多的足衣类别如屦、屩以及莲鞋等形式没有进行详尽分析，表2-28

至表 2-29 仅为宋代一个朝代的女鞋情况归类，我们就已经可以感受到其品类之丰富与形制之浩瀚，待笔者以后继续完善、研究。

表 2-28　宋代女子足服品类

分类	名　称
从形状分	方屦、弓鞋、凫舄、金莲、平头鞋、小头鞋、系鞋、官鞋、金缕鞋等。
从材料分	布鞋、皮鞋、革鞋、棕鞋、丝鞋、藤鞋、蒲鞋、木鞋、麻鞋、芒鞋、珠鞋等。
从功能分	暖鞋、凉鞋、雨鞋、睡鞋、拖鞋、钉鞋等。

表 2-29 "三寸金莲" 分类特征

排列分类	名称	形制特征
按鞋式分类	高统 "金莲"	用料做工精致讲究，多为贵族女子穿用。
	低帮 "金莲"	平民女子普通穿用。
	翘头 "金莲"	宋、元、明多见。
	平头 "金莲"	清以后多用平头鞋。
按季节分类	棉布 "金莲"	冬天常穿用，同时也穿 "金莲" 高帮套靴。
	夹布 "金莲"	硬鞋面 "金莲"：夏天穿用，再帮里之间夹厚材料使之挺括。
		软鞋面 "金莲"：夏天穿用，再帮里之间夹厚布或薄硬材料使脚感舒适，通常为平常穿用。
按帮饰类	绣花 "金莲"	多为贵族女子穿用。
	素色 "金莲"	多为平民老年女子或丧期女子穿用。

排列分类	名称	形制特征
按气候分类	晴天用"金莲"	天气晴好时穿用。
	雨天用"金莲"	皮"金莲"。
		皮套鞋：套在"金莲"外面以防雨水，贵族常穿用。
		铁钉布"金莲"：鞋底钉铁钉，钉尾厚0.5厘米。
		胶"金莲"：下雨用，似胶鞋。
按鞋底分类	平底"金莲"	鞋底平直。
	弓形底"金莲"	三寸鞋，底弯七分，使鞋长变为二寸六分。
	高跟"金莲"	清中晚期受西洋鞋影响，后跟至少在2厘米以上。
按材料分类	皮"金莲"	帮底涂桐油以防水。
	布"金莲"	在外涂桐油也可充当雨鞋。
	绸"金莲"	贵族女子多穿用。
	草"金莲"	一般女子及奴婢穿用。
	胶"金莲"	20世纪20年代出现。

综上所述，通过对汉服形制品类的研究与分析可以了解到，汉服是一个极为庞大、繁杂的服饰体系，如果单纯用某一个服饰款型去进行界定与分析是不足以详尽、全面表达整个汉服系统的。根据对历朝历代汉服品类的发展演变过程进行分析，可以了解到汉服无论经历怎样的时代更替，始终遵循几个特点：平面剪裁、交领右衽、

图 2-39　高底鞋

（传世，原件现藏于故宫博物院）

衣缘镶边、绳带系结、宽袍大袖的特质。汉服系统不仅丰富和完善了中国服饰文化的内容与体系，沟通了少数民族和汉族之间的文化联系，更为世界服饰留下极为深厚与宝贵的资料，为彰显大汉民族文化内涵和底蕴贡献出非凡才智（图 2-39）。

第三章
汉服美与美术

服饰是人形体的外延，包括衣、裳、裙、冠、袜、鞋等，它们同时起着遮体御寒美化人体的作用。汉服是一种文化，是一种文明，是一种无声的语言，它传递着一个人的个性、身份、涵养及其心理状态等多种信息，让每个人活

图 3-1　穿大袖宽衫的贵族及侍从
（顾恺之《洛神赋图》局部）

在自己的文化及精神状态中，于是造就了人与服饰之间错综复杂的关系。人的体型千差万别，往往难以十全十美。差别和缺陷，都要求人们在着装时特别注意服装的款式、色彩以及纹饰和体型的协调，得以装扮出优美的身姿来。汉服之所以能如此引人入胜，与美术对其造型、色彩、图案以及装饰等方面的润泽有着极为密切的关系，它给汉服所带来的那种升华了的视觉艺术效果及高度，是其他构成因素完全不能替代和比拟的。就造型来看，由于有了分割、组合、错觉等美术观念在结构中的应用，从而使汉服款型有了极大的表现空间；就色彩而言，无论协调、统一还是对比、反差所呈现出的美术效果均给汉服带来无比丰富的艺术价值；从形象展示来看，汉服中图案的繁简、饰物的搭配、面料的质感正是美术装饰对其整体外形与结构的升华及完善。美术无处不在，为汉服构建出形象多样、色彩纷呈、个性鲜明、摄人心魄的艺术形象（图 3-1）。

原始时期，美术就已经在人们的着装审美意识中充当起了重要角色。据《说文解字》载："美，甘也。从羊从大。"[1] 原始人把羊头、羊皮饰于身体，在图腾崇拜的同时也是一种对于美的追求。山顶洞人用染成红色的石珠及黄绿色的小砾石穿孔佩戴，正是人类为后世展现汉服美的开始。先秦时期注重礼仪制度，并于西周建立起一整套宗法礼制，美术被纳入其中，必须为保护上下尊卑的等级制度服务。此后，美术在这一原则的严格规范下一直贯穿于汉服确立、发展的几千年，在简朴、绚烂、奢华、素雅的循环往复中不停转换，演绎出变化莫测、姿态万千的时代风貌。

第一节　汉服美的构成形式

形式是构成汉服美的工具、手段以及组合状态，简单、纯粹的形式必须通过美术的加工，才能达到艺术美的标准。选择用何种美术形式完全取决于所处时代的政治背景、文化风格、审美特性以及流行趋势。除此之外，汉服的美也不是哪一单一构成因素可以完成和达到的，它是由多方面结合体共同联合经过艺术加工体现出来的一种完美形象，其中包括有造型、色彩、纹饰、装饰、材质等多个方面的因素，人们通过比例、平衡、韵律、调和以及统一等造型原则将它们巧妙溶入其中，共同创造出汉服独具风格特色的美感，其具体内容分析如下。

一　汉服的实用美

汉服自确立就兼顾着实用与审美两方面的功能，无论从艺术角

---

〔1〕〔东汉〕许慎撰、〔清〕段玉裁注：《说文解字》，上海古籍出版社，1981年，第103页。

度还是实用功效，它们不分伯仲，都是汉服美的基本构成要素。法国著名美学家 P. 苏里奥（Paul Souriau）认为："一种产品只要明显地表现了它的实用功能就具有美。"[1] 汉服的实用美具有社会、科技以及功能等诸方面的内容，是综合效应构成物质产品所形成的一种美的感受。从社会因素分析，它首先反应在人类改造自然而产生的社会实践活动产品中。例如，受地理环境、气候条件的影响，汉服的款型、用料产生了"一刚一柔"鲜明的南北差别。因为，南方气候温暖潮湿，人们多以棉、麻、丝为着装用料，样式柔和细腻、流畅飘逸，展现出来的是"柔"美；北方地区寒冷少雨，服饰材料也因地制宜，多采用动物毛皮、呢料、锦缎等保暖性强的面料以抵御寒冷，其服装样式就显得厚重粗犷、宽大奔放，展现出来的是"刚"美。从科技方面分析，随着一万多年前人类开始用骨针缝制衣服到提花织机的发明，引发汉服从面料、色彩到款式、纹饰的不断革新，这与生产技术的逐步改进与提高有着极为密切的关系，它呈现的是一种"智美"。由于科学技术的发展，汉服的艺术魅力被发挥得淋漓尽致，从而形成了实用美与艺术美的完美结合。从功能方面分析，因为生产技术的不断更新和完善而引起的社会等级与制度变革，又使汉服蒙上了浓重的政治色彩，在一定的程度上又左右着汉服各等级、职责不同形制的演变趋势，对汉服造型的发展产生巨大影响。例如，历朝历代的文职官员服饰均长袍广袖，儒雅

图 3-2　印花敷彩绛红纱直裾棉袍
（湖南长沙马王堆一号汉墓出土）

〔1〕叶立诚著：《服饰美学》，中国纺织出版社，2001年，第52页。

中透着浓浓的书卷气；而武职官员的实战服饰干练、英武，通常采用短款、束袖、下裳为裤的形式，这与其实际作战功效有很大关联，呈现的是一种简洁、明快的实用之美。可见，汉服的实用美具有很强的社会实用性，它是构成汉服美的基础与核心，是凌驾于其他各种构成汉服美的形式之上的因素（图3-2）。

二 汉服的造型美

汉服的造型从确立到消失，几千年来无论历经多少变化与发展，其用平面剪裁通过分割、叠积、组合而形成的交领右衽、宽袍大袖、绳带系结、衣缘镶边等形象特点始终属于遵循人性效法自然的有意为之。从而不难看出，汉服造型美存在于内在和外在两种表现形式的结合展现。首先以内在为例，中国传统文化崇尚二元相对，在运动变化中达到阴阳平衡、刚柔兼济的理想完美状态。《周易·泰卦》载，"上下乾坤"意思就是阳气上升、阴气下沉，阴阳交和才可天地万物吉祥通泰；三阴三阳，又有阴阳持平之感，下卦为内、上

图3-3 大袖衫、间色裙穿戴展示图
（周汛、高春明《中国服饰五千年》）

卦为外，从而达到外柔内刚之美 [1]。衣为阳、裳为阴，阴阳调和、刚柔并济，汉服的造型美正是通过上衣下裳的这种外在造型形式对中华文明传统美学思想的内在形式的表达与体现（图3-3）。

---

〔1〕郭彧译注：《周易·泰卦》，中华书局，2006年，第62页。

汉服造型美的外在表现形式根本价值体现主要呈现在"穿"上，当人们观测造型形象时，视觉的焦点往往会汇集在服用者服饰的整体样式及款型上，所以造型美的首要任务就是造型结构与人体的协调性，脱离和忽略了这一功能，美感自然随之消失。那么反过来可以了解，汉服造型美的充分体现也必须通过人体的展示才能得以完善。所以说，汉服造型的成功与否与人体有着不可分割的关系，它们相辅相成、彼此依赖共同打造出美的形象。

汉服的造型不仅能表达出人体所呈现的形象魅力，同时还能通过合理的美术造型方法巧妙地改善人体本身的缺陷，以达到理想完美形态。在视觉范围内，汉服的构架主要是通过人体的肩、腰、臀、膝、臂等部位为支点，根据调整和改变这些支点的构造，将衣片剪裁修整，变化其曲直方圆、宽窄长短，再通过省道、折裥、缝线等手段使人的视觉产生错觉，从而达到人体表现的理想状态。由此可见，错觉往往由美术的对比而产生，汉服造型给着装者带来的形象错觉主要是通过扰乱人视线的方法隐藏和调整人体缺陷所呈现出的真实体貌特征。以唐代女子汉服裙装造型为例：从大量典籍、图绘以及出土实物均不难看出，大唐盛世的女性以"肥"为美，这种审美理念与现代人对女性形象美的观念有很大出入。为何我们在观测这些女性形象时只能感受她们丰润雍容的体态却看不出其臃肿肥胖的身姿呢？这与其身着的汉服造型给人视觉造成的错觉有很大关系。唐代女子汉服裙装基本样式长度及地拖于路面，腰结上提紧贴胸部束绑，这种服装造型在拉长人体下半身的长度的同时还巧妙地隐藏了肥胖体型最容易产生赘肉的腹部、臀部以及腿部等部位。此外，选用裙装质料通常采用悬垂感较好的纱罗及丝帛，穿在身上会产生长短各异、虚实兼顾的结构线，这些线条根据人体的结构以及服装的造型竖向下垂，更加突出和强调了现代服装设计师常采用的"顺延"方式，诱导人的视线上下移动、延伸，进一步拉长和变化人体形态，达到美化人体之效果。我们就可以直观感受到汉服造型的恰当运用带给人的视觉美感。再以汉服半臂举例：这种由汉代"绣裾"发展而来的短袖上衣，又称"半袖"。魏晋南北朝时期，女子服者甚少，通常为男子所喜爱，甚至天子贵臣礼见时也常服用。到了隋唐时期，开始在宫中女子中流行，后逐渐风靡至民间，称为"半臂"，成为男女通服的汉服样式。此后，半臂逐步加纳棉絮由单衣向夹衣转变，不仅可以穿在罩衣里面，也可以将其加罩在襦袄之外。此风一直延续，宋代男子更将其穿于公服之内，加宽肩部骨骼体积给人造成视错觉，用以表现其高大威武的雄健体魄。这种造型方法尤其适用于男性，在现代服装美术设计中属于"叠加"的塑形手段，通常以填充、累积的方式改变人体体积，给人造成视觉变化，用以增强男性人体的体块感和雄健性。

可见，汉服的造型美给人带来的形体改善是多么重要，它所造成的视觉效果与形象完善是其他汉服构成因素所不可替代的。所以说造型美是构成汉服美的首要条件之一，为汉服丰富繁杂的形制、样式以及动人心魄的着装体态架起一道五色彩虹贯穿古今。

三　汉服的色彩美

人们对色彩具有天生的敏感性与感受力，其中色彩的感觉也是美感最大众化的表现形式之一，因此汉服在这个色彩斑斓的大千世界一得以确立就与颜色产生了密切的联系。色彩在汉服中所产生的影响力是最直接和纯粹的表现手法，它除了可以通过一整套完善的服色体系准确无误地昭示出服用者的身份、地位之外，在色彩搭配及运用上也极为精细、考究，不仅向人们标明其实用功能，同时还向世人展示汉服本身所蕴含的艺术魅力与美学价值。《周礼·考工记》

载：“画缋之事，杂五色……青与白相次之也，赤与黑相次之也，玄与黄相次之也。青与赤谓之文，赤与白谓之章，白与黑为之黼，黑与青谓之黻，五采备谓之绣。”[1] 统治中国人思想精神数千年的儒家极力推崇周朝建立的“五色”体系，在强调色彩尊卑等级不可混淆的同时，还将“比德”作为其色彩美学的重要理论依据之一，认为色彩的美取决于人的美德，强调从颜色的展现中去体味和发现人格魅力，赋予了色彩人性化的内涵。这种理论模式影响广泛，牢牢地根植于人们的思想，以至于对整个中华民族的色彩观念都造成了很深远的改变，甚至有些对色彩的理解到现在依旧经久不衰的沿用。例如：戏曲脸谱的化妆用色就会根据不同的人物性格及品行来表示，黑色代表耿直刚正；白色代表阴险狡诈；红色代表忠诚、英勇，人们将红色与有德性、有品质的人划为等号，权臣贵戚的住所被称为“朱门”；出门乘舆为“朱轩”；婚庆喜事要着“朱衣”……一系列的红色装扮寓意喜庆、吉祥以及庄严，从而使国人在现如今欢庆、喜悦、祝福的时刻仍旧沿用并继承了这一思想理念，喜爱用红色来装饰、点缀表达欢悦的情绪，最终使这种具有传统色彩美学意义的红色被世人冠以“中国红”的美称（图3-4）。

图3-4　窄袖绕襟深衣展示图
（周汛、高春明《中国服饰五千年》）

儒家代表人物孟子对色彩有这样的论述：“目之于色，有同美焉”[2]。汉服色彩的美首先离不开视觉所反馈回来的信息，人们通过

---

〔1〕《周礼·考工记》，中华书局，1975年。

〔2〕《孟子正义》（诸子集成），上海书店出版社，1986年，第226页。

视觉器官感受光在 380—780 纳米波长之间所产生的光谱或光谱色，由此引发色彩美所带来的心理感受与认知。

表 3-1　光谱色波长范围（单位：纳米）

颜　色	波　长	范　围
红	700	640—780
橙	620	600—640
黄	580	550—600
绿	520	480—550
蓝	470	450—480
紫	420	380—450

　　色彩美的形成是在色与色之间的组合与对比中体现出来的，除上述表格中所看到的同色同谱（相对应单一波长的光）现象外，还有同色异谱（不同波长的光混合）所产生的结果。这其中的混色原理大致有加色法、减色法以及空间混合法等类型，如果改变任何一种色光的混合比例还能得到不同的色彩变化效果。以加色法为例：红光＋绿光＝黄光，但随着光色的混合比例不同人们的视觉又会产生橙色、黄色、黄绿色等色彩传达。以空间混合法为例：将红色及绿色涂在马克思威尔（Maxwell）混合板上快速旋转，这种对视网膜造成的刺激就会产生一种主观的视觉传达，从而造成对色彩的个人感知。同样，将红色及绿色以点或线的形式排列、交织，在一定的距离外就会产生视觉的区域混合，其结果也根据人体自身的不同会出现不同的色彩认知。可见，空间混合法是色光快速刺激人眼在视网膜上所产生的色光混合，具有很强的主观性。这种方法在汉服中应用广泛，主要体现在主体服色与图案、配饰等辅色的协调应用中，它不仅可以起到既变化丰富又协调统一的色彩效果，同时还可运用

这一色彩方法巧妙调整和改善人体缺陷，美化着装形象。当不同波长的色光通过人体的视觉器官聚集在一起时，所反应在视网膜上的形象就会产生一定的差别，从而造成视错觉，这种视觉错觉为汉服的形象美感增添了极为重要的艺术感染力。往往长波长的暖色形象会给人造成膨胀感，相反短波长的冷色形象会让人感到收缩。此外，明度越高其色彩体积就会越大，明度约越弱色彩体积也会缩小。例如，色彩明艳的汉服穿在身上会造成形体的丰满，增强雍容华贵的感觉；色彩深沉、清淡的汉服穿在身上会减少形体的臃肿，增添服用者典雅、素朴的着装形象。但这并不代表所有的汉服形象均遵循这一原理，因为汉服上的色彩会通过不同的美术方法起到许多的变化效果，这与着装者在选择何种色彩搭配有很大的关系。比如，在暖色系、色彩明度高的汉服上运用冷色系、明度相对较弱的色彩作为服饰缘边，根据服装款型的不同所缘衣边就会打破原有体型结构，产生强烈的视觉对比反差效果，造成视觉错觉，改善着装形象。可见，色彩的不同搭配所造成的汉服形象会产生截然不同的效果，但是过分的对比变化会给人带来视觉的紧张刺激与心里的烦躁不安，反过来过分的协调统一也会造成单调模糊、乏味无趣的视觉效果，所以在对比中求协调，在统一中找变化才会产生美术所带来的和谐之美。

不同波长的色光会带给人们不同的心理感受，有的华丽、富贵，有的典雅、素朴，更有的还会使人产生兴奋、愉快、悲伤、孤独等的各异感觉。荀子云"形体色理以目移……是心异，心有徵知"，又"心平愉，则色不及人用，而可以养目"[1]。可见，汉服的色彩美与审美者的心理感受有很大关系，"当色彩美的条件与人联系起来之后才产生色彩美的反映。因此，色彩成为美的对象取决于人对色彩的感受和作出的评价"[2]。黄色，从隋唐时期开始被正式列为皇家专用服色，

〔1〕《荀子·正名篇·第二十二》，上海书店出版社，1986年，第286页。

〔2〕黄国松：《色彩设计学》，中国纺织出版社，2001年，第164页。

其他人不得为之，是地位与身份的象征，拥有至高无上的品级。因此，黄色汉服带给人的心理感受就离不开尊贵、权力以及奢华。此外，其他色彩美所带来的感受也各不相同：白色汉服所呈现的美会给人造成神圣、纯洁的感觉；黑色汉服会使人感到肃穆、沉静；紫色汉服又会散发出优雅、高贵的神采。

此外，中国人很早就掌握了运用天然物质提炼染料的技术，仅汉代许慎《说文解字》中介绍的染料名目就有近四十种之多。随着染色技术的不断提高，汉服色彩也在不断丰富，从清代李斗《扬州画舫录》中可以了解此时的色彩名目已增至近千种。其中，一种正色就派生出数种间色，或深或浅，或浓或淡，极尽繁复。色彩种类的提升无疑带动了汉服自身的美感，为其原本独具特色和风采的形象晕染出更加动人的明妆。

四　汉服的纹饰美

根据有关服饰纹饰记载最早的典籍《尚书·虞书》可以了解，舜禹时仲雍就已开始穿着带有图腾纹饰的服装参加祭祀活动，可见服装上出现纹样装饰早在此时就已经出现。由于年代久远，目前我们没有实物可以了解那时候的纹饰具体是何种形象，只能从古书典籍中一探究竟。最早的花纹织衣出现在夏商时期，《管子·轻重甲》中有这样的记载："昔者桀之时，女乐三万人，端噪晨乐，闻于三衢，是无不服文绣衣裳者。"[1] 在许多出土的该时期人物雕像身着的服装上至今均可以清晰地观测到这类纹饰。经历了长时期的历史沁润汉服最终在汉朝得以确立，服饰纹饰在汉服的依托下更加淋漓尽致地发挥出其无比深厚的艺术魅力，带给人极具中国传统文化特色的美

---

〔1〕《管子·轻重甲·第八十》，上海书店出版社，1986年，第389页。

图 3-5　缠枝牡丹花对襟夹衫　　　　图 3-6　戴龙凤珠翠冠、穿褕衣的皇后
（江苏金坛周瑀墓出土）　　　　　　（南薰殿旧藏《历代帝王像》）

的感受。此后，伴随着汉服在不同的历史时期不断丰富、完善，从
最初服饰常用的几何纹、云雷纹、云气纹等品种一直发展、扩建出
连珠纹、花鸟纹、对禽鸟兽纹、山水纹等许许多多个服饰纹饰形象，
生动、精彩地展现出其独具风格的东方韵味与艺术感染力（图 3-5）。

　　汉服纹饰作为汉服美的组成部分，与汉服一样承载了厚重的中
国传统文化内涵，具有鲜明的礼制色彩及森严的等级制度。孔子与
他的弟子有若在一次论学时曾经有这样的观点："先王之道，斯为美；
大小由之。"[1] 这种遵循礼仪等级的思想观念成为中国传统美学思想
的重要范畴，在汉服发展的几千年中，一直伴随左右，全面、透彻
地影响世人的服饰审美理念。即使在社会风气最为开放的唐代，此
风也不曾改变。据《旧唐书·舆服志》载："则天天授二年二月朝，
集使刺史赐绣袍，各于背上绣八字铭。……诸王饰以盘龙及鹿，宰
相饰以凤池，尚书饰以对雁。"[2] 这种在服装前襟、后背根据不同身
份饰以相配纹样的做法，正是汉服彰显传统礼仪服制的标志性特征，

────────────────

〔1〕《论语·学而》（诸子集成），中华书局，1954 年，第 6 页。
〔2〕刘昫等撰：〔后晋〕《旧唐书》卷四十五《舆服志第二十五》，中华书局，
1975 年，第 1953 页。

为后世用"补子"纹样装饰服饰反映职官身份开创先河。可见，在封建社会中滋生繁衍的汉服纹样始终紧密相连地与中国传统礼制共同发展，虽然说汉服的纹饰创新在封建礼制思想观念的禁锢下受到了一定的压制，但却承载着厚重的文化内涵与艺术修养，真切、翔实地反映出等礼仪制度在汉服美中造成的独特审美理念（图3-6）。

表3-2　明代文武官员常服补子花纹[1]

文官品衔	补子花纹	武官品衔	补子花纹
一品	仙鹤	一品	狮子
二品	锦鸡	二品	狮子
三品	孔雀	三品	虎
四品	云雁	四品	豹
五品	白鹇	五品	熊罴
六品	鹭鸶	六品	彪
七品	鸂鶒	七品	彪
八品	黄鹂	八品	犀牛
九品	鹌鹑	九品	海马
杂职	练雀		
风宪官	獬豸		

---

〔1〕〔清〕张廷玉等撰：《明史》卷六十七《舆服志三》，中华书局，1975年，第1643页。

表 3-3　明代文武官员公服花纹

品衔	公服花纹	花纹径围
一品	大独科花	5 寸
二品	小独科花	3 寸
三品	散答花，无枝叶	2 寸
四、五品	小杂花纹	1 寸 5 分
六、七品	小杂花	1 寸
八品以下	无纹饰	

　　历朝历代的汉服纹样造型有别、形象各异，但无论从表现内容还是图案样式均传承了中华民族传统文化特质，有很强的象征性、寓意性以及装饰性。由于象征性与寓意性会在下一个章节有详细分析，故在此处不再涉及，仅对其装饰性进行分析研究。

　　汉服纹样的装饰性，其实就是通过各种美的表现形式加强汉服的艺术魅力与价值。由于汉服纹饰是附着在汉服上的美术装饰，故此在很大程度上要伴随汉服造型样式及人体结构特点，从而其装饰位置及构图方式通常采用主题式、边缘式、对称式以及满地连缀等的表现模式。具体内容分析如下。

（一）主题式

　　主题式，通常采用完整的单独纹样在汉服的前襟、后背、双肩等图案展示明显部位加以排列、分布，用以强调纹样的装饰性。如："十二章纹"在汉服中所呈现的装饰效果就有很强的代表性，不仅明确装饰内容，更突出了美的主题。但为了防止纹饰在运用时过于集中、孤立，往往还会穿插或点缀些许副纹样用以弥补构图上的失衡，调整装饰缺陷，达到美的视觉效果。

（二）边缘式

边缘式，一般将图案组织为二方连续的带状形式，装饰汉服的领、衣襟、袖口、底摆等部位。这种突出镶边的装饰手段可以强调服饰的造型轮廓，改善人体结构之缺陷，美化着装形态。

（三）对称式

对称式，就是将纹样左右对称直接装饰于服饰的中间，形成均衡、端庄、四平八稳的着装效果。这类装饰模式在汉服中体现较多，无论上衣、下裳均得以运用。前面笔者提到的"补子纹"就是典型的对称式纹样装饰。

（四）满地连缀式

满地连缀式，既将大小图案相互穿插、错综排列，再以藤蔓、枝叶等纹饰满地交织连缀，形成四方连续的排列模式。这种装饰形式多应用于汉服的上衣及裙装，在凸显富贵、华丽之艺术魅力的同时也彰显着服用者尊贵、至上的品级身份。

从古至今，人们都在不断尝试和创造运用各种不同的表现方法更好地展现汉服的纹样美。从最初的模印、绞缬、夹缬、蜡缬一直到描画、刺绣、织造等，无不体现出中国人追求美的艺术境界。这些极具艺术感染力的美术表现形式，为汉服添画出一道靓丽的风景线，给中华民族乃至整个世界的服饰增添了极富艺术价值的一笔。

虽然汉服纹饰的装饰排列形式各具特色，但都具有很强的统一性、针对性以及审美性。所谓统一性，是指汉服纹饰是由多个形象及因素组成，但由于要受到汉服形制的约束，其装饰点缀的位置与图案内容基本一致。虽然，纹饰的表现形式具有一定的程式化，但纹饰本身繁杂、丰富的造型样式，一旦以一种固定的模式运用到汉服中，合理将它们协调、统一，在多样中找整体、在条理中求变化，

图 3-7　翟衣展示图

（周洵、高春明《中国服饰五千年》）

图 3-8　蔽膝展示图

（周洵、高春明《中国服饰五千年》）

就会产生极为动人的艺术效果，有如点睛之笔勾勒出汉服极富中华民族传统审美意味的美丽形象。汉服纹饰是针对汉服进行装饰的，图案的内容选择、点缀的地方、装饰手法等都要根据款式的特点和服用对象需要来决定，其艺术价值体现主要是汉服在人体构造下所呈现的艺术魅力，这也就是汉服纹饰美的针对性所在。因为不同的服用者体型差异极大，所呈现出的汉服形象也各不相同，纹饰就成为最好的调节剂，它可以根据不同的装饰内容和方法，扬长避短的弥补与调节人体比例，产生协调的着装形象。例如：身体消瘦、单薄的人如果选择使用满地连缀的纹样丰富汉服，就会产生扩张感、填充感，从而增加了身体的强健性改变原本瘦弱的着装形象，提升美的视觉感受。汉服纹饰的审美性主要体现在人们对美的追求上，用纹样装饰汉服除了纹饰本身所被赋予的等级价值外，增加和强调美感是其最为根本的目的。纵观历史，历朝历代所传承下来的汉服纹饰取得了多少令人叹为观止艺术价值与成就，它不仅丰富了人们的审美观念，同时还加强了世人的精神信仰与追求（图 3-7、图 3-8）。

五　汉服的材质美

　　材质对于汉服的美起着至关重要的作用。无论其经纬密度、悬垂效果还是材料质感等都是构成汉服美的决定性因素，它汇通汉服美的其他形式将汉服艺术的魅力最大限度地呈现在人们的面前。可以说，一方面材料的美使汉服更显艺术魅力，另一方面汉服款型的革新又烘托出了不同材质的丰富变化。它们相辅相成，紧密联系。汉服的材质有丝、麻、毛、棉等不同的类型，因而选用不同的材料制作汉服，就会呈现不同的艺术效果。如丝织物给人华丽富贵的美感；麻织物给人粗犷爽朗的美感；毛织物给人温馨含蓄的美感；棉织物给人素朴自然的美感。但在等级制度极为严格的封建社会中，服装的用料也有严格的规定，通常身份地位高的人可以用丝、帛、锦等上等材质的面料制作服装，而士庶贫民只能选择麻、棉等低等材质制作服装。由于不同材料的外观特质适用于各服用层面人等的需求，故在汉服的艺术表现力上也各具变化。例如：丝绸面料细腻光滑、色彩绚丽、纹饰华美，在用作汉服面料附着于人体后会随着运动的变化出现灵动飘逸的洒脱之美。这不仅是服饰材料本身所特有的艺术美感，同时服用这样的材质也会提升穿着者的形象魅力，故丝质面料成为人们争相追捧的宠物而闻名于世。试想一下，如果不是用如此轻盈细密的材质制作汉服，又怎会有汉服飞动流转、褒衣博带的东方韵致？以麻织物制成的汉服由于其材质本身的原因使之色彩单调、质地挺括、悬垂感较差、服用起来虽然透气但舒适性远不及丝绸，故下层人民在服用后，表现出来的艺术性是一种淳朴的、原始的美。当然，随着生产技术的不断提高，我国的棉、麻织物无论在面料质感、花色装饰还是细密程度上都得到了极大的改善，运用到汉服上所表现出的艺术美感也发生了很大变化，从原先的原始、粗犷美开始向舒适、自然美发展。此外，汉服材质的不同还会给服用者造成不同的着装效果，轻柔细软的丝质面料由于兼顾悬垂性与飘逸性双重功效，因此会使人体显得修长、俊秀；而棉、麻织物由于其挺括的质料结构在服用后就会拉宽人体比例，使人产生硬朗、厚重之美。总之，汉服的材质是构成汉服美的重要物质基础之一，它不仅影响

图 3-9　素罗大袖
（福建福州南宋黄昇墓出土）

着汉服外形的变化，还关系到服用者的身份品级和舒适程度。其中舒适程度又直接影响着服用者对于汉服的展示形态，因为只有舒适的服饰才会给服用者带来身体的享受，这对于良好的发挥汉服魅力是极为重要的因素（图3-9）。

第二节　汉服的艺术风格

董仲舒在《春秋繁露·服制》中强调："度爵而制服，量禄而用才，饮食有量，衣服有制，宫室有度……虽有贤才美体，无其爵不敢服其服。"[1] 这不仅赋予了服饰的社会伦理道德意义，更肯定了服饰的美学价值。作为中华民族典型的着装类型，汉服在封建社会对统治政权及维护社会安定与诰命之文的直接说教有异曲同工的目的，但汉服的艺术美感给人心理情感潜移默化的逐步感染以及精神思想所造成的深远影响，都超出了其本身所具有的遮寒蔽羞的实用功能

---

〔1〕苏兴撰、钟哲点校：《春秋繁露·服制二十六》（新编诸子集成），中华书局，1992年，第222页。

图 3-10　圆领大袖衫（江苏扬州出土）

与教化于人的政治目的。汉服的艺术风格蕴含了中华民族传统文化思想的方方面面，那种"气韵生动""含蓄自然"的东方韵致自始至终是汉服艺术美的主流，无论款型、色彩、还是纹样、装饰，都在一定的秩序、比例、分量中达到彼此的平衡与和谐，展演着自己独特的艺术风格与形象魅力（图 3-10）。

一　宽博大气的服饰形象

从中华古代传统礼文化的视角去审视汉服，其宽博大气的服饰形象是人与自然、人与人、人与社会和谐理念的完美展现。汉服造型从确立到消失，几千年来无论历经多少变化与发展，通过平面剪裁所形成的交领右衽、广袖长袍等宽博大气的形象特点是完成人们对和谐、自然、中和等理念的认可。"中"与"和"这两个既紧密联系又相辅相成的哲学范畴，不仅是儒家思想原则的总体表现，也是其理想完善的目标追求。汉服自创始起，就是以朴实简洁、线条流畅的平面造型示人，其最大特点是穿着舒适、自然，无任何压迫感与束缚性，动作自如、酣畅，正是中国传统审美文化"真""善""美"在服饰上的体现。所谓"真"，既是客观事物及其运动变化发展的规律性表现，是美的基础，汉服几千年来其选材、用料均根据具体情况，适时适宜选用自然物质恰到好处地创造美，因此唐代诗人柳宗元在《邕中柳中函作马退山兰亭记》中有"美不自美，因人而彰"的绝句[1]；所谓"善"，是包含一切美好的人类思想与行为的活动，是美的前提。汉服不拘泥、束缚人体的形象，完全符合现代人所提出的人体工学目标，这正是向世人表达关爱、仁义的道德思想体现；"真"与"善"的相互联系、统一构成了"美"。"美"包含而又超越了"真"与"善"，是人类追求的最高理想境界。李泽厚先生曾把中国文化评价成一种审美型的"乐感文化"，他说："审美而不是宗教，成为中国文化的最高目标，审美是积淀着理性的感性，这就是特点所在。"[2]汉服从伦理道德延伸到审美，从顺应服从到审美意识升华，这正是汉服文化的本质特色。一方面其整体形象反映了中华民族崇尚礼仪制度、顺应天道王权的思想理念，另一方面也可以看出汉服中所蕴含的宽厚仁爱、谦虚谨慎、含蓄自然、向往和平的人文精神。这种文化思想理念影响深远而广泛，不仅对本民族整体服饰形象造成极大影响，对亚洲其他一些如日本和服、朝鲜高丽服，以及东南亚各国的民族服装在服饰基本造型上也造成了不同程度的影响，使其均以一种平面、舒适、自然的形象服务与社会，成为中华传统文化的支流，延绵不绝地发展传承。

自古以来中国人就重"气"，无论一个民族、一个国家还是群体、个人，有了"气"就会充满活力，就会有无限美好的前景与未来。"气"可以磅礴、宽广充满生机，也可以清虚、灵动无形却可感，"气"是构成宇宙万物的本根。《汉书·礼乐志》载："人函天地之气，有喜怒哀乐之情"[3]。"气"既是生理的也是心理和思想精神的。汉服中的"气"贯穿始终，可以贯通天、地、人构成一切，其宽博大气的艺术形象，是"天人合一""物我两忘"艺术境界与思想理论的展示，它

〔1〕《全唐诗》卷三五二《柳宗元·邕中柳中函作马退山兰亭记》，中华书局，1999年，第951页。

〔2〕李泽厚：《中国文化史论》（上），安徽文艺出版社，1991年，第314页。

〔3〕《汉书》卷二十二《礼乐志第二》，中华书局，2007年，第139页。

以一种独特的服饰形态影响着中国本土乃至其他亚洲一些国家的审美范畴与风格，在世界艺术之林展演着自己无尽的魅力。有了"气"，就有了"神"和"形"，这里的"神"即精气神，是一种生命现象，一个民族、一个国家生命力充盈旺盛的表现，是精神、智慧、灵性的表现，是具有原创力的、最高层次的

图 3-11 戴捲梁冠、穿大袖衫的贵族及戴
笼冠、穿衫子的侍从
（顾恺之《洛神赋图》局部）

精神现象，这种精神之"神"与生命活力流转之"气"所反映在汉服中的具体形态就构成了宽博大气之"形"。可见，汉服中"气"是"神"生成和发挥的基础，"形"则从属于它们，是"神"与"气"的载体，"神""气""形"共同构建出汉服底蕴丰厚的艺术形象与感染力（图3-11）。

说了汉服的艺术形象，就不得不说一说其艺术审美度。艺术审美度即人们对事物的艺术审美感知，美国数学家柏克霍夫提出，审美度应该是秩序与复杂性之尚的公式[1]：

$$审美度 = \frac{秩序}{复杂性} \quad 即\ m = \frac{0}{c}$$

从上述公式可以看出，人们对事物的艺术审美感知程度与其所表现出的秩序成正比，与复杂性成反比。也就是说，汉服的整体造型由于注重了人体运动所带来的一种秩序，宽博大气的造型形象解放了服饰对人体的束缚，即使减少和忽略复杂的附属物，呈现出的

---

〔1〕仲国霞等：《美学实用教程》，中国人民大学出版社，1989年，第165页。

简洁风貌也是一种美的再现。可见，人体的舒适度是艺术审美度的主要因素之一，也是汉服美感的重要依据。因为人体不可能是永恒静止的，人体的运动状态与服饰形变有很大的关系，汉服的宽松量正好适应人体运动过程中所带来的变化，这不仅避免了由于活动而拉扯变形的服饰形象，同时也调节了皮肤干湿度以及体温、呼吸等各方面有关身体需求，真正达到以人为本的思想境界，传承中华民族宽厚仁爱的人文精神。

二 飞动流转的东方韵致

用线条来表现意念，早在伏羲氏根据自然万物的运转变化创造太极、八卦就已经开始，"八卦"运用简单的直线，根据不同的排列组合解释宇宙万物间一切现象；"太极"以柔顺曲线组合成的形象，展现的是一种互相转化，相对统一的形式美与和谐美。表达了阴阳转换、相反相成是万物生成变化的根源，是涵盖宇宙、生命、物质等一切内容的本源。《周易·乾卦》

图 3-12 太极八卦图

载："天行健，君子以自强不息。"[1] 这句名言礼赞的是一种天人相通的、旺盛的、富于韧性的生命活力，万物生生不息，生命不停运转，美也在这运动往复中产生（图 3-12）。

线条的刚与柔、曲与直都有其独到的思想内涵与哲学理念，运用到汉服中，无论宽袍大袖的款型样式附着在人体上所形成的结构线、运动变化产生的褶皱线，还是服饰纹饰本身所形成的造型线，

---

〔1〕郭彧译注：《周易·乾卦》，中华书局，2006 年，第 3 页。

图 3-13　洛神赋图局部

所发挥出的艺术风格是极富魅力和变化的，随着人体的运动以一种意象的具有飞动流转之势的形态表达世间万物、宇宙自然协调、平和、充满生机和自信的生命之美，这种美是独特的、具有东方韵味的，它不仅蕴含了中国传统文化理念与哲学思想，同时还表现出东方人温婉、典雅的审美特质，是精神与本质、艺术与审美的完美结合。

通常，汉服中的男服结构造型简洁、舒展，突出肩膀和胸部装饰，所呈现出的款型线条分明，多以长、直线为主，表现男子雄健伟岸的体魄与坚强不屈、刚正不阿的精神面貌，强调以"力"为美；与之对应，汉服中的女服结构造型飘逸、灵动，饰物繁杂、丰富，突出纤细的腰身、柔和的肩线以及圆润的曲线，呈现出的线条曲直相济、长短不一，表现出女子妩媚动人的曼妙身姿与柔顺婉约的性格内涵，强调以"柔"为美。汉服这种通体平面直线剪裁的修身造型，正体现中国审美文化中"美由气生"的气质神韵，这种艺术特质在魏晋时被发挥得淋漓尽致。它们在思想上崇尚老、庄，兼容儒、道，在服饰上追求洒脱、飘逸，无论男女均褒衣博带，线条灵动、绵长，其服饰形象可谓"凡一袖之大，足断为两，一裾之长，可分为二"[1]。

〔1〕〔唐〕李延寿撰：《南史》卷三十三《周郎传第二十三》，中华书局，1975年，第893页。

妇女"杂裾垂髾"的汉服样式，使原本线条修长，形象清丽、超然的形态在层层燕尾状"垂髾"短促线条的加入后，打破了原有的宁静，使着装者仪态万千、天衣飞扬。那种乘风登仙的形象，充分展现出飞动流转的东方韵致。借助东晋画家顾恺之《洛神赋图》（图3-13）中的人物造型就可以了解中国传统文化理念下的艺术审美模式。图中的洛神女那衣带飘举、"曳雾之轻裾"、似来又去的形象传达出一种人神之间那种渴望而不可及的无限惆怅，给人带来的艺术魅力是无比震撼的[1]；图中主角曹子建褒衣博带、襦服雅步，在洛水之上看见自己寄寓苦恋的洛神女，急切地用右手按住前行的侍从，在温文尔雅中彰显出风采。可见，线条所呈现出的"圆顺""柔和"或"方正""刚毅"，虽本不融合、协调，但经过汉服内在的文化气息的熏陶与构架，彼此相互感应、互相为用形成的和谐将汉服的艺术魅力发挥到了最高境界。当然，这种灵动优美的艺术形象也得益于中国古代丝绸织物的技术的支持，在平面直线剪裁下随着人体的运动所带来气流变化，由静到动产生出飞动流转的东方韵致。

三 含蓄自然的审美取向

汉服美的产生是综合的，除了外在表象如：造型、色彩、纹饰等因素外，传统审美标准对其也有很大影响。长期以来，受儒释道、礼仪文化的感染与熏陶，中国传统审美观念带有很强的等级制度与精神因素，呈现出的是一种含蓄自然的审美模式，这其中"性"就无疑成为非常重要的审美取向之一。两性的存在，使服饰具备了遮羞功能，因为"人类的身体是着衣的身体"，服饰是得以极大的升华

---

〔1〕〔三国魏〕曹植：《汉赋·洛神赋》，陕西人民出版社，1999年，第298页。

与展现[1]。因为，人类对于服饰的
审美意识是逐步产生的，不管服
饰在产生之初是以何为前提，但
可以肯定它是以实用为目的的，
与人是一种使用与被使用的关系，
在此基础上才逐步引发出其他如
审美、象征等功能。那么，就汉
服的实用价值说，它是为"己"
的；可从其审美价值出发，它又
是为"他"的。这个"他"，在很

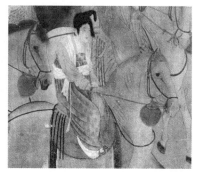

图3-14　穿襦裙、披帛的妇女
（张萱《虢国夫人游春图》局部）

大程度上是指异性，于是其审美功能就在两性之间的审美关系中产
生。随着社会分工的改变，男性成为社会的主宰，女性成为附庸，
为取悦男人给自己争取更大生存空间，她们用各式各样的服饰来装
扮、修饰自己，以一种暗示、提醒、引导的方式来突出和强调服饰
的诱惑性。反过来，男性为吸引女性的喜爱，也会同样采取用服饰
修饰体貌的手段。艺术史学家约瑟夫·布雷多克在《婚床——世界婚
俗》中说："在一个人人不事穿戴的国度里，裸体必定是清白而又自
然的。不过，当某个人，无论是男是女，开始身挂一条鲜艳的垂穗，
几根绚丽的羽毛，一串闪耀的珠玑，一束青青的树叶，一片洁白的
棉布或一只耀眼的贝壳，就不得不引起旁人的注意，而这微不足道
的掩饰竟是最富威力的性刺激物。"[2] 可见，往往一丝不挂的人体并
不能带给人视觉的冲击，但如果附着了其他一些物体反而会提升或
强调人体的美感（图3-14）。

　　理性文明的出现，使人体美与服饰美成为一个整体，如果说服

---

　　〔1〕〔英〕乔安尼 · 恩特维斯特尔著、郜元宝译：《时髦的身体——时尚、衣
着和现代社会理论》，广西师范大学出版社，2005年，第1页。
　　〔2〕李当岐：转引自《服装学概论》，高等教育出版社，1998年，第43页。

饰在史前文明构成了"保护"与"诱惑"等功能，那么汉服尤其在封建社会伦理道德、礼仪制度等诸多因素的严格约束下对于身体的包裹与遮蔽更成为毋庸置疑的行为，于是就构成了其理性之功能。由此就产生了中国人含蓄而自然的服饰审美取向，虽然它所展示的也是一种人体的美，但与欧洲国家崇尚开放、性感、强调人体性器官的服饰审美意识是截然不同的两个取向。

汉服自确立起，其形制在各朝各代虽有不同变化、发展，但在传统"礼"文化影响下所形成的审美取向却始终保持着主导地位。汉服规制反对人体躯干的裸露，强调用服饰将其掩盖，于是形成了较为保守、含蓄的审美观念，这与中国传统文化的审美取向是完全一致的。当然，这种含蓄、自然的审美理念在唐代频繁对外文化交流与开放的政治制度影响下也产生了很大变化，尤其是女性，从"幂䍦"到"帷帽"，再从衣不露肤到盛唐时期，酥胸半露、纱衣裹体的着装形象。她们的身体在层层布帛中得以舒展，那种空前绝后的"性感"，使由来已久的审美模式在外来文化的影响下发生了极大的改变。这种以男性"开放包容"的思想意识形态而形成的审美取向，在整个汉服历史发展长河中并没有成为主导，只是作为点缀终被那种"笑不露齿、行不露足"的礼仪教化及"短毋见肤，被体深邃"的服饰观念所取缔。在这种中国传统文化思想的支配下，符合道德礼仪的形象也是对"美"的永恒界定。汉服艺术的审美取向，不讲究用其服饰款型的合体对应人体形态，对于两性间的性特征不加以强调与突出，对男女两性的美只做一种写意的、含蓄的表达。在重视人体着装后所产生的那种宽博大气、神采飘逸的服饰形象外，表达"天人合一""人神相通"的思想境界。与此同时，道家追求自然、崇尚洒脱的服饰观与儒家崇尚仪礼的着装理念互为补充，那种以"人"的本质为美的思想根植于中国人的内心，引领着汉服的审美取向走向含蓄与自然。

第三节　汉服美的内在意涵

中国是一个有着深厚传统文化背景的国家，从最初"神人以和"的远古巫术带给人的神秘之美，到自然万物与人身心的相适感应，中国人很早就根据自己独特的辩证思维方式构建出一系列具有传统文化体系的审美模式。在"中和之美"与"美善统一"的主流审美价值理论指导下形成的汉服，自创始起就包含着丰富的宇宙观念与人生哲理，其宽博大气、线条流畅、含蓄自然的平面造型，正是中华传统文化在服饰上的再现。这种审美理念不仅加深了汉服美的意涵，并给其他一些少数民族服饰的造型风格及艺术价值也带来了深远的影响，尤其是亚洲一些国家如日本、朝鲜等国的民族服饰至今依旧能够看出有着汉服明显的影响。

一　汉服款型的文化含义

从自然万物中确定社会、人生的法则是中国古代传统文化观念的基本特征之一，这种"究天人之际，通古今之变"的思想理念一直贯穿在中国传统文化思想之中[1]。《老子》说："人法地，地法天，天法道，道法自然。"[2] 这种经过主观构建而形成的以天地万物相辅相成、动态转化、对立统一的思想理念，不仅从宇宙现象中联系人生哲理，同时还把自然状况与人伦道德相统一，达到"天人合一""君权神授"的人文信仰，构成了汉民族博大精深的文化观念，并成为世界文化史中不可替代的重要体系。这种文化观念在中国人的现实生活中无处不在，人们往往通过衣冠服饰最直接、全面地将这一观

---

〔1〕徐复观、韦卓民译：《中国艺术精神》，华东师范大学出版社，2001年，第239页。

〔2〕老子：《道德经·二十五》，中华书局，1989年，第57页。

念传承与体现。汉服就是中国传统文化观念驱使下的产物，其独具魅力的艺术风格，无论从样式形制、穿戴方法、色彩纹饰均体现着中国传统思想内涵，可以说一方面中国的传统文化观念驱使了汉服衣冠形制的走向，另一方面也可以看出汉服是中国传统文化观念的完美展现。

（一）"君权神授"的象征意味

中国是中央之国，华夏族的首领是中央之主。随着现实生活中王权的出现，天上的至上神"帝"或"上帝"也随之产生，于是这种以"天"为"帝"的思想认识得以确立，任何有违"天道"的人或事都是大逆不道、违背常理的。中国古代先民们认为，帝王是天帝的儿子，能够真正与天相通，故有"天子"之称。汉武帝时的大儒董仲舒在《春秋繁露·王道通三》中这样解释帝王的"王"字："三画而连其中，谓之王。三画者，天地与人也，而连其中者，非王者孰能当是？"[1]王尊贵至上享有极高的地位及权利，这是上天的安排，完全与"天道"顺应相合。故而，皇帝的服饰在整个汉服体系中是最能代表"君权神授"这一传统文化观念的，淋漓尽致地体现出"王者配天"之内涵。例如天子六冕，根据不同的祭祀对象及等级分别在形制、色彩以及纹饰上进行变化以对应天地、乾坤，形成自己独有的"小宇宙"。祭祀上帝所服的大裘冕，其冕冠上附有一块前圆后方、上玄下纁的綖板，象征上天、下地；綖前后各垂12旒，每旒12彩玉遵照朱、白、苍、黄、玄的五色顺序串联为12寸，象征五行生克及岁月更替；玄衣纁裳象征天玄地黄；"十二章"纹，也取上天之数以

〔1〕苏兴撰、钟哲点校：《春秋繁露·王道第六》（新编诸子集成），中华书局，1992年，第130页。

应天象[1]。据董仲舒《春秋繁露》载："天有四时，王有四政，四政若四时，通类也……庆为春，赏为夏，罚为秋，刑为冬。庆赏罚刑不可不具也，如春夏秋冬不可不备也。"[2] 可见，汉代帝王为顺应"四时""四政"所服用的"四时衣""五时衣"，也能反映出人们对"天"的崇敬与对"君权神授"的认可。西汉时，天子依据四季之色服用相应的汉服，既春青、夏朱、冬黑、秋黄。到了东汉，改"四时"为"五时"，以对应阴阳五行之五正色，既春青、夏朱、季夏黄、秋白、冬黑。此风传至民间得到深远传承，直至清代广大民众仍竞相效仿，谋求顺从"天意"求得吉祥平安。

（二）"天人合一"的"顺天之道"

把"天"与"人"相合来看，是中国人用"天命"映射"人生"的传统思想观，没有了"人生"就没有"天命"；脱离了"天命"又哪来"人生"，从而将"天""人"合二为一，才能达到人生、万物最高境界。认"命"敬"天"是中国人传统思想观念之一，为表示对天的崇敬与顺从，人的外相、服饰、仪态等都要与之和谐顺应，于是，这种"天人感应"的思想观反映在汉服中就形成了"天人合一"的"顺天之道"。

中国历代汉服只有上衣下裳制与衣裳连属制两种基本类型，无论哪种形式均没有脱离"天人合一"这一传统观念，例如祭服，古代祭天礼仪中最为隆重和正式的吉服，也是最能体现"天道相顺"的礼服，尤其是皇帝冕服，更是"天人合一"思想的完美体现。天

---

[1]"所谓'天数'，是以稻熟一次为一年，一年中月的亏盈为十二次，既为十二个月，一日又有十二个时辰，所以十二这个数就成了天之大数"。诸葛铠等著：《文明的轮回—中国服饰文化的历程》，中国纺织出版社，2007年，第107页。

[2]苏兴撰、钟哲点校：《春秋繁露·五行之义第四十二》（新编诸子集成），中华书局，1992年，第322页。

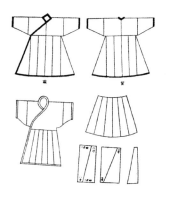

图 3-15　深衣

选自《中国服饰文化历程》

子冕服一直采取上衣下裳制，上为玄衣，象征未明之天；下为纁裳，象征黄昏之地，上天下地、上阳下阴、衣尊裳卑。这种上衣下裳顺应天地相合的服装款型，在中国人的服饰观中根深蒂固地延续了几千年，以至于唐宋时期的男子袍衫——襕衫，虽为上下连属的袍服样式，但仍要将长袍位于膝下部位布帛剪开接一道横襕，在既保留袍服款型完整的同时又延续了上衣下裳的传统服装造型模式。另外，深衣这种盛行于春秋战国，在秦汉时期为社会上层人士及正式场合服用的全身性服装主体样式，魏晋以后逐步消失，到了宋代又一度在士大夫中再次流行，庆元年间被作为"服妖"从此被废。其内在的意涵完全通过造型样式予以表达，虽然为上下衣裳连属的袍式服装，为继承传统、顺应"天道"，在制作时仍将布帛上下裁开而后缝合连缀，形成衣裳分置的造型模式，寓意天地乾坤、上下有别。下裳用 6 幅布帛，各交解为一边宽一边窄的两份，共 12 幅将"有杀"合缝，不仅起到了收腰合体的效果，又与天相合，顺应一年的十二个月。由此可见，无论是上衣下裳制还是衣裳连属制，汉服中所蕴含的那种"天人合一"的传统观念一直贯穿始终。天地乾坤不可逆转，自然秩序不能改变，所以上下尊卑必须有别（图 3-15）。

二 汉服色彩的寓意表达

汉服的色彩运用等级森严、尊卑有序，其鲜明的程式化用色模式独具特色蕴含了深厚的传统文化底蕴，是中国服饰最具风格魅力的亮点。"远看颜色近看花"，通常人们对色彩的感觉高于其他服饰构成元素，从而历代汉服色彩具有极强的标识性特征，"由于标志性与等级制的本质是一致的，所以，等级制常用具体的'标志'来显示，而标志又以某种等级为表现依据"[1]。故此，从阴阳五行演化对应出来的五色系统，循环往复地构成了汉服几千年的色彩演变，渲染出汉服的动人身姿（图3-16）。

图 3-16 戴乌纱帽、穿盘领补服的明朝官吏
（明人《沈度写真像》）

（一）五行与五色

早在几千前，中国古代先民就通过对自然万物的观察、类比以及附会，建立起一整套属于自己的独特色彩体系——五色系统，其最早的概念由舜帝提出，构建于夏商周三代所推行的阴阳五行思想[2]。据《尚书·洪范》载："五行，一曰水，二曰火，三曰木，四曰金，五曰土。"[3] 可见，"五行"就是水、火、木、金、土五种物质，古人认为这五种物质是构成一切的本源性元素，并由此演化出"五行相生"

---

〔1〕缪良云等：《中国衣经》，上海文化出版社，1999年，第309页。

〔2〕公元前22世纪，舜统治政权，派大禹给其制五色图案礼服。也有记载称五色出现于黄帝、尧帝、舜帝时期。《1978—1980年山西襄汾陶寺墓地发掘简报》，中国社会科学院考古研究所山西工作队，《考古》1983年第1期。

〔3〕〔清〕阮元校刻：《尚书·洪范》（十三经译注），中华书局，1980年。

及"五行相胜"的理论。"五",源于人的五指；东南中西北五个方位；木星、火星、土星、金星、水星五星宿，五行理论渗透和规定了包括社会、政治、军事、天文、地理、医学以及风水、占星等一切社会活动，形成一个无所不包的系统，构筑出中华民族特有的思维模式，是中国传统文化观念的典型代表。战国末期阴阳学家邹衍将五行与阴阳相结合，形成了最具传统文化特色的"阴阳五行说"，并由此拉开了中国古老哲学体系的序幕（图3-17）。

图3-17　戴朝冠、穿朝服的皇后（故宫博物院藏《清代帝后像》）

表3-4　五行对象（天、地、人、神、器）简表[1]

类别	对象				
五行	木	火	土	金	水
五色	青	赤	黄	白	黑
五星	木星	火星	土星	金星	水星
五云	青云	赤云	黄云	白云	黑云
五征	雨	燠	风	旸	寒
五时	春	夏	长夏	秋	冬
五数	三、八	二、七	五、十	四、九	一、六
天干	甲乙	丙丁	戊己	庚辛	壬癸
地支	寅卯	巳午	辰戌	申酉	亥子

〔1〕此表格排列顺序是按"五行相生"的关系设置，由于篇幅有限在此只作简单说明。

汉服论

类别	对象				
卦象	震	离	坤、艮	兑	坎
五岳	泰山	衡山	嵩山	华山	恒山
五方	东	南	中	西	北
五金	锡	铜	金	银	铁
五木	青木	赤木	黄木	白木	墨木
五畜	犬	羊	牛	鸡	猪
五虫	鳞虫	羽虫	倮虫	毛虫	甲虫
人伦	父	子	君	臣	夫
爵位	侯	子	公	伯	男
五音	角	徵	宫	商	羽
五窍	目	舌	口	鼻	耳
五藏	肝	心	脾	肺	肾
五常	仁	礼	信	义	智
五经	易经	礼经	尚书	左传	诗经
五官	宗伯	司马	司徒	司寇	司空
五军	左军	前军	中军	右军	后军
五帝	苍帝	赤帝	黄帝	白帝	黑帝
五正	勾芒	祝融	后土	蓐收	玄冥
五灵	龙	凤	麟	白虎	龟
五祀	户	灶	中霤	门	井
五朝	青阳	明堂	太室	总章	玄堂
五瑞	圭	璋	琮	璧	璜
五味	酸	苦	甘	辛	咸
五臭	膻	焦	香	腥	朽

续表

类别	对象				
五兵	矛	戟	剑	戈	铩
五法	规	衡	绳	矩	权

表3-5 五行排列顺序[1]

排列分类	五行	五色	五方	五季
阴阳排列	水火木金土	黑赤青白黄	北南东西中	冬夏春秋季夏
季节排列	木火土金水	青赤黄白黑	东南中西北	春夏季夏秋冬
天文排列	水火金土木	黑赤白青黄	北南西东中	冬夏秋春季夏
官职排列	木火金水土	青赤白黑黄	东南西北中	春夏秋冬季夏
常见排列[2]	金木水火土	白青黑赤黄	西东北南中	秋春冬夏季夏

中国人认为阴阳五行是世间万物的本源，由此引发出天、地、人、神、器等各类对象的对应，色彩也涵盖其中，形成了木青、火赤、土黄、金白、水黑的组合模式，被称之为"五行色"（图3-18），简称"五色"。青对应木，源于草木之色，春季正是树木生长发芽的时节，代表东方新生的开始；赤对应火，源于火焰之色，象征热情、赤诚与礼仪，由于中国南方气候炎热故与之顺应又代表南方；黄对应土，源于中原地区土壤之色，因为地处中国版图中心，故代表中，由于陕西、山西以及河南是中国的黄土地带的主要分布代表，同时"这三个省是尧、舜、禹和夏、商、周、秦、汉的发祥地，也是五行学定型的地区，因而这片黄色的土地不仅是中国的标志，也是

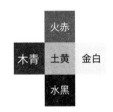

图3-18 五行色彩结构
图选自《中华五色》

---

〔1〕五行的排位各不相同可根据表述的侧重点的进行安排。
〔2〕西汉以后较为常见五行排列顺序。

大地的标志"[1]；白对应金，源于白银之色，代表西方[2]；黑对应水，源于古人对不可解释之事均称之为"玄"，雨从天落的现象在得不到合理解释的情况下就被喻为"玄水"，水来自于天，天为玄色，玄与黑近似，故成为水的标志色，代表北方。

由青、赤、黄、白、黑组成的五色被认为是组成一切色彩的最基本元素，也是最为纯正的色彩，被称之为"五正色"，也称"五色""正色"，是尊贵、权威的象征。据南唐杜佑《通典·公侯大夫士婚礼》引东汉郑众《百官六礼辞》注："丹为五色之荣；青为色首，东方之始。"[3]《淮南子·原道训》载："色者，白立而五色成矣。"[4]《春秋繁露·五行之义》载："木，五行之始也；水，五行之终也。"[5]《淮南子·地形训》："色有五章，黄其主也。"[6]可见，五正色各有名目：青是色首，一切循环往复均由此开始；赤是色容，心应火，火炎上方之色为赤，有升腾的意味；黄为色主，黄对应土，五行之主，主管四方；白为色本，白色是染出其他任何色彩的基础；黑为色终，对应水，为五行之终。何谓五正色之色相？《释名·释彩帛》中刘熙有这样的解释："青，生也。象物生时色也。""赤，赫也。太阳之色也。""黄，晃也。犹晃晃象日光色也。""白，启也。如冰启时色也。""黑，晦也。如晦冥时色也。"[7]《素问·五脏生成篇》载："青如翠羽者生，赤如鸡冠者生，黄如蟹腹

〔1〕彭德：《中华五色》，江苏美术出版社，2008年，第77页。

〔2〕由于"五金"（黄金、白银、赤铜、青锡、黑铁）中，黄、赤、青、黑分别是土、火、木、水的标志色，故用白色作为金的标识。

〔3〕〔唐〕杜佑：《通典》卷五十八《公侯大夫士婚礼》，中华书局，1988年，第1646页。

〔4〕《淮南子·原道训》，上海古籍出版社，2007年，第6页。

〔5〕苏兴撰、钟哲点校：《春秋繁露·五行之义》（新编诸子集成），中华书局，1992年，第322页。

〔6〕《淮南子·地形训》，上海古籍出版社，2007年，第36页。

〔7〕〔东汉〕刘熙：《释名·释彩帛第十四》，中华书局，2008年，第147页。

者生，白如豕膏者生，黑如乌羽者生。"[1]《五行大义·论配五色》载：
"青如翠羽，黑如乌羽，赤如鸡冠，黄如蟹腹，白如豕膏，此五色为
生气见。青如草滋，黑如水苔，黄如枳实，赤如衃血，白如枯骨，
此五行为死气见。"[2]对五正色色相的解释古人各有说辞，色彩的变
化不尽相同，笔者比较认可彭德先生在《中华五色》中对五正色色
相的分析，"青色如同翠鸟的羽毛或蓝靛的颜色，赤色如同鸡冠或珊
瑚的颜色，黄色如同纯金或蒸熟的板栗颜色，白色如同猪的脂肪颜
色，黑色如同乌鸦的羽毛或熟漆的颜色"[3]。与之对应还有"五间色"，
是正色相混调和而成的颜色。据《礼记·玉藻》载："衣正色，裳间
色。"注："谓冕服玄上纁下。"疏："玄是天色，故为正；纁是地色，
赤黄之杂，故为间色。皇氏云：正谓青、赤、黄、白、黑五方正色
也；不正谓五方间色也，绿、红、碧、紫、骝黄是也。青是东方正，
绿是东方间；东为木，木色青，木刻土，土黄并以所刻为间，或绿
色，青黄也。朱是南方正，红是南房间，南为火，火赤刻金，金白，
故红色赤白也。白是西方正，碧是西方间，西为金，金白刻木，故
碧色青白也。黑是北方正，紫是北方间，北方水，水色黑，水刻火，
火赤，故紫色赤黑也。黄是中央正，骝黄是中央间，中央为土，土
刻水，水黑，故骝黄之色黄黑也。"[4]青黄混合为绿；赤白混合为红；
黄黑混合为骝黄；青白混合为碧；赤黑混合为紫。在此典籍中对于
五间色的色相描述就出现了绿、红、骝黄、碧、紫以及绿、红、纁、碧、
紫两个不同的说法。值得注意的是"纁色"与"骝黄"的问题，"纁"
为赤黄色，"骝黄"是偏黑的黄色，这里依然存在着色相差别的问题，
是否与天然染料有关，至今还没有定论，有待进一步探究。但可以

〔1〕《黄帝内经·素问·五脏生成篇》，陕西师范大学出版社，2009年，第70页。
〔2〕〔隋〕萧吉：《五行大义》卷三《论配五色》，中华书局，2005年。
〔3〕彭德：《中华五色》，江苏美术出版社，2008年，第35页。
〔4〕《礼记·玉藻》（十三经译注），上海古籍出版社，2004年，第410页。

肯定的是，正色与间色之间存在着很严格的等级差别及使用规范，正色贵而间色贱。"衣正色，裳间色"，间色只能为下裳、便服、内衣、衬衣以及妇女和平民的服装用色，以此来区分尊卑贵贱，表明身份等级，任何人不得逾越，否则轻者招来非议，重者还会引来杀身之祸。齐桓公称霸喜爱紫袍，引发世人争相服用，孔子对此深恶痛绝在《论语·阳货》中明确训斥："恶紫之夺朱。"[1] 由此可以见，服饰中色彩的运用与政权统治、宗教礼仪有着深厚的联系，是世间的系统标识，也是千百年来统治阶级用于维护和规范皇权的指导思想，以至于汉服从一确立就蒙上了浓厚的礼教色彩，并逐步形成了程式化的色彩体系。

（二）历代德色

战国末期，齐国学者邹衍根据阴阳五行的循环变化推断国家的兴衰、更替，提出了"五德终始"与"天道循环"的理论。他认为朝代的更替与五行相克的道理相似，每一个国家均受天道的命运安排，对应木运、金运、火运、水运、土运，每一种天运又对应木德、金德、火德、水德、土德，每一"德性"又对应各自的色彩，木德青、金德白、火德赤、水德黑、土德黄，金克木、木克土、土克水、水克火、火克金，循环往复、周而复始。这种"五德相胜"的观点直到王莽时期被学者刘向的"五德相生"理论所取代。从此国家的命运、朝代的变迁、对应的德色均按木生火、火生土、土生金、金生水、水生木的概念而循环运转。此外，也有典籍文献将各朝德色的循环按董仲舒的三统说及刘歆的三统五色理论解释，"三统"又名"三正"，为人统、地统、天统，对应各自的颜色：人统先黑后转青、地统先黄后转白、天统赤统[2]。虽然各自的观点各不相同，但通常在历法确

---

〔1〕《论语·阳货第十七》（诸子集成），中华书局，1954年，第214页。

〔2〕刘歆《三统历说》："天统之正，始施于子半，日萌色赤。地统受之于丑初，日肇化而黄，至丑半日牙化而白。人统受之于寅初，日孽成而黑，至寅半日生成而青。"转引自彭德：《中华五色》，江苏美术出版社，2008年，第130页。

立上用"三正",服饰色彩用"五行"。由于每个政权的更替都对应一种天运,受各自"德性"的支配,对应象征的"德色",故每遇改朝换代,头等大事就是革新历法、车舆服制等,凡与色彩有关的内容如各级官员服饰用色均按德色相生、相胜的原理进行制定与规范。例如:周火德,尚赤,秦灭周就是五行相胜中水克火,故秦为水德,尚黑,服饰以黑色为贵。隋为火德,尚赤,唐在其后建立政权,取五行相生的原理火生土,故唐土德,尚黄,服饰以黄色为贵,仪仗旗帜一律用黄色及赤色(图3-19~图3-21)。

表3-6 历代德色

朝代	说法分类	五德	尚色
伏羲	刘歆三统五德说	木德(东方之帝)	尚青
炎帝		火德(南方之帝)	尚赤
黄帝		土德(中央之帝)	尚黄
	邹衍相克说	土德	尚黄
少昊	刘歆三统五得说	金德(西方之帝)	尚白
	邹衍相克说	木德	尚青
颛顼	刘歆三统五德说	水德(北方之帝)	尚黑
	邹衍相克说	金德	尚白
	董仲舒三统说		尚赤
帝喾	刘歆三统五德说	木德	尚青
帝喾	邹衍相克说	火德	尚赤
	董仲舒三统说		尚黑
帝尧	刘歆三统五德说	火德	尚赤
	邹衍相克说	水德	尚黑

朝代	说法分类	五德	尚色
帝舜	董仲舒三统说		尚白
	刘歆三统五德说	土德	尚黄
	邹衍相克说	土德	尚黄
夏	董仲舒三统说		尚赤
	刘歆三统五德说	金德	尚白
	邹衍相克说	木德	尚青
商	董仲舒三统说		尚黑
	刘歆三统五德说	水德	尚黑
	邹衍相克说	金德	尚白
周	董仲舒三统说		尚白
	刘歆三统五德说	木德	尚青
	邹衍相克说	火德	尚赤
秦	董仲舒三统说		尚赤
	董仲舒三统说		尚黑
西汉[1]	刘歆三统五德说（据杜祐《通典》载，汉以后主要用刘歆三统五德说）	火、土德	尚赤、黄
新莽		土德	尚黄
东汉		火德	尚赤

---

〔1〕刘邦以赤帝之子自居，因此在汉朝确定土德，尚黄后，尚赤的传统一直沿继到西汉灭亡。

朝代	说法分类	五德	尚色
魏、吴		土德	尚黄
晋		金德	尚白
南朝宋 [1]		水德	尚黑
南朝齐 [2]		木德	尚青
南朝梁		火德	尚赤
南朝陈		土德	尚黄
隋 [3]		火德	尚赤
唐 [4]		土德	尚黄
后梁		金德	尚白
后唐		土德	尚黄
后晋		金德	尚白
后周		木德	尚青
辽、金	据《大金运势图》分	金德	尚白
宋		火德	尚赤
元 [5]		（空缺）	（空缺）
明		火德	尚赤

〔1〕北魏先继承黄帝为土德，尚黄，后考文帝以晋的金德为承接，取金生水的五行关系，改土德为水德，尚黑。

〔2〕北齐承接东魏水德，取水生木五行关系，取木德但服色却依然尚黑。北周承接西魏水德不变，服色依然尚黑。

〔3〕隋文帝没有按相生、相克的五行德色，而是以赤雀降临为吉兆，取火德，尚赤。但军服用黄色，平时服装可用杂色。

〔4〕大齐承接唐土德取土生金的五行相生关系，采用金德，尚白，但只维持三年，唐朝复辟。

〔5〕元朝在北京建都，用色为五色全取，因此出现空缺。

图 3-19　五行相克制约示意图　　　图 3-20　五行相克化解示意图

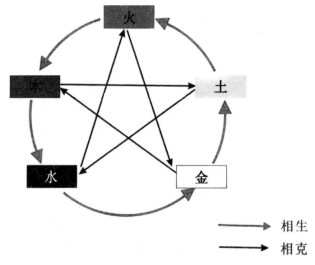

图 3-21　五行相生相克示意图

（三）汉服中的五色寓意

汉服的色彩不仅是统治阶级维护国家政权、规范礼仪制度、彰显身份等级的有力手段，同时也是顺应天道命运、敬天思想的表达。例如，天子外出祭祀，立春既去东郊拜祭青帝，服青衣、戴青玉、骑青马；立夏去南郊拜祭赤帝，服赤衣、戴赤玉、骑赤马；立秋去西郊拜祭白帝，服白衣、戴白玉、骑白马；立冬去北郊拜祭黑帝，服黑衣、戴黑玉、骑黑马，寓意遵循五行、五色体系的循环往复既与自然变化相协调就是顺从天意，对"上天"崇敬世间万物就会生生不息，照天运的安排，命运的车轮就会不停止。

运转，一切事物才可得以良好发展。此外，从唐代开始确立的天子专服黄色的服制规定蕴含了深厚的中国传统文化观念。阴阳五行中，土居中央，主管四时、四方，是至上神赋予的最高权力象征，土对应黄色，于是以中央为重、以黄色为贵的思想最终根植于人们的思想，有了"黄袍加身"寓意夺权称帝的传世成语。唐为土德，尚黄，木克土，木对应青色，故青色虽为正色，但在唐代官服用色中只能作为八、九品官员服色，而作为间色的绿色却能够成为七品官员服色。纵观历代德色，青色一直都不被崇尚，甚至还会被赋予某种寓意对人进行侮辱。例如，北宋末年宋徽宗成为金人俘虏，为达到对他的极度羞辱，就命其穿起青色衣服为众人倒酒。可见，汉服中的五色虽贵为正色，但如果寓意不同也会成为最为卑贱的象征。与之对应，紫色虽为间色，但在中国整个汉服史中却有着极为显贵的地位。这要先从齐桓公好紫说起，春秋战国时期，由于齐桓公好服紫服，使得人们争相效仿，最终有了孔子"恶紫夺朱"的训斥。汉代火德，尚赤，所以包含赤色的紫色锦带成为一品官员的汉服标识。到了唐代，紫色的地位更加尊贵，成为高于赤色低于黄色的一品官员专用服色，以至于玄宗开元二十年大赦官员可借用服色，形成"满朝朱紫贵"的局面。长久以来，历代皇后礼服也严格遵循五色体系，使五色循环相生，寓意对天子的专一，祎衣玄，象征天；揄狄青，象征木；阙狄赤，象征火；鞠衣黄，象征土；展衣白，象征金；禄衣黑，象征水，形成了天水生青木、青木生赤火、赤火生黄土、黄土生白金、白金生黑水的相生关系。根据季节的变化服用对应的色彩，称为"五时衣"：春服青衣，又叫绀衣；夏服赤衣，又叫朱衣、绛衣、绯衣；秋服白衣又叫缟衣、褆衣；冬服黑衣，又叫缁衣、乌衣、玄衣；

四季服黄衣,又叫鞠衣。也有一件衣服同时包含五种色彩,这种五色衣可以不顺应季节的变迁。

表3-7 五色衣名称

名 称	别名	季节
青衣	绀衣	春季
赤衣	朱衣、绛衣、绯衣	夏季
黄衣	鞠衣	四季
白衣	缟衣、禫衣	秋季
黑衣	淄衣、乌衣、玄衣	冬季

五色系统贯穿战国以来的各个历史时期,应对天地神灵笼罩日常生活,不仅是中国同时也是东亚地区古代文明的象征,为汉服数千年的魅力展现增添无尽的文化底蕴,即使在汉服艺术被束之高阁后,五色系统依然发挥其强大的感染力,在诸如梁启超先生等知名人士的反对下,中华民国早期的国旗仍为"五色旗"。直到20世纪彻底扫除封建迷信,五色系统最终成为一门绝学[1]。

三 汉服纹饰的象征意味

中国传统文化是构建汉服形制的核心,以至于每一个组成因素都蕴藏着丰富的精神内涵。其中,汉服的纹饰是这种文化思想最精髓的表象,在展现汉服外观美的同时,更彰显其内在意涵,表达汉服文化中所特有的思想体系与本质。由伏羲氏创"太极""八卦"开始,纹饰就从根本上超越了其有限的形貌,被赋予无穷的内在精神,

---

[1]梁启超在1924年发表文章抨击五行学,并对其发明者、倡导者邹衍、董仲舒、刘向严词痛斥。彭德:《中华五色》,江苏美术出版社,2008年,第31页。

解释着人生、宇宙的变化及哲理。

汉服纹饰通常采用"凡图必有意，有意必吉祥"的内容形式。"吉"与"祥"这两个字，在距今约 3200 年的商代甲骨文中就已出现，据《说文解字》释："吉，善也。从士，从口。""羊，祥也。"又"祥，福也"[1]。可见，"吉""祥"二字是和平吉善、祥和有福的意思，包含了对未来的祝福与期望，是一种对美好事物的想象。因此，汉服的纹饰具有很强的寓意性和象征性。所谓寓意性，就是将情感意念融汇到某种具体形象之中，通过谐音、喻义、表号等手段达到借物托意的目的。谐音法，既利用纹饰本身名称的谐音，表达寓意。如：鹿谐音"禄"；鱼谐音"余"；蝙蝠谐音"多福"；鹌鹑谐音"安顺"等。此外还有将几个独立形象组合谐音的情况，如：谷物、蜂、灯组合为"五谷丰登"；莲、鲶鱼组合为"连年有余"等等，举不胜举。喻义法，既利用纹饰本身的形象特征或内在含义比喻其他意涵。如：龟生命力长久，以龟背（甲）形成的织物纹饰在汉服中应用广泛，唐代尤为盛行，常被组合成"龟龄贺寿""龟子纹寿字"等纹样喻义安康长寿；梅花具有"出生为元，开花如亨，结子为利，成熟为贞"有如君子的"四德"，故常以此物来比喻君子，又因为其花瓣为五，故有"五福捧寿"之说[2]；通过石榴果实饱满的形象比喻多子多福、子孙满堂；通过鸳鸯相随相依、交颈而眠的形态比喻夫妻恩爱、幸福无比。表号法，既将某些纹饰作为标记，表达特定含义。如：法轮、法螺等。所谓象征性，就是通过赋予纹样样式某种象征意义，用以强化"昭名分、辨等威、明贵贱"的"礼""法""权""威"，其中最为典型的纹样非"十二章""补子"等纹饰莫属。

---

〔1〕〔东汉〕许慎撰、〔清〕段玉裁注：《说文解字》，上海古籍出版社，1981 年，第 59 页。

〔2〕〔宋〕魏清德编、王星贤点校：《朱子语类》（卷第六十八 易四），中华书局，1986 年，第 1689 页。

"十二章"纹（图3-22），既天子冕服专用的十二种纹样，是统治阶级权力与地位的象征。据《尚书·社稷》载："予欲观古人之象，日、月、星辰、山、龙、华虫，作会；宗彝、藻、火、粉米、黼、黻，绪绣，以五采彰施于五色，作服汝明。"古人通常将日、月、星辰、山、龙、华虫六章绘于上衣，将宗彝、藻、火、粉米、黼、黻六章绣于下裳[1]。日、月、星辰，为"三光"，用以体现宇宙万物之道，有照临光明的意思；山，高耸巍峨，人人仰望，取其稳重；龙，取其应变；华虫，为雉鸟，取其华丽；宗彝，为祭祀用礼器，取其忠孝；藻，为水中植物，取其洁净；火，取其光明；粉米取其滋养民众，有济世之德；黼，为斧形，取其果敢决断；黻，为两己相背，取其明辨乾坤、是非。"十二章"纹只能作为帝王服饰使用，其他公侯人等从王祭祀服用章

图 3-22 十二章纹
选自〔明〕《三才图会》

纹根据身份、品级依次递减。周以后，日、月、星辰三章用于旌旗，天子冕服不再服用，自此"章纹"由原来的"十二章"缩减至"九章"。公侯服饰依此类推，逐级减退。有关具体形制在服饰上的应用在本书第一章相关内容中已做详细论述，此处不再赘述。

早在唐代就有在汉服上绣饰指定纹样区分品第身份的事例，此

---

〔1〕〔清〕阮元校刻：《尚书正义·益稷卷第五》（十三经译注），中华书局，1980年，第141页。

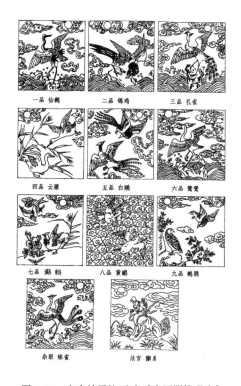

图 3-23　文官补子纹 选自《中国服饰通史》

风延续至宋代，在服装前襟、后背根据不同身份饰以相配纹样的做法，被称之为"补子"。"补子"纹饰的选用通常采取文官用禽、武官用兽的方式区别职差。公、侯、驸马、伯绣麒麟、白泽；文官一品绣仙鹤，二品绣锦鸡，三品绣孔雀，四品绣云雁，五品绣白鹇，六品绣鹭鸶，七品绣鸂鶒，八品绣黄鹂，九品绣鹌鹑，杂职绣练鹊（图 3-23），法官（风宪官）绣獬豸；武官一品、二品绣狮子，三品绣虎，四品绣豹，五品绣熊罴，六品、七品绣彪，八品绣犀牛，九品绣海马（图 3-24）。此风一直延续，清代官服依旧服用，只是在图案造型上有了一定的变化。此外，还有如龙、凤等纹饰在汉服中也是极具象征寓意的图案造型样式，由于篇幅有限，在此不能一一说明，只能在后续的研究中加以补充。

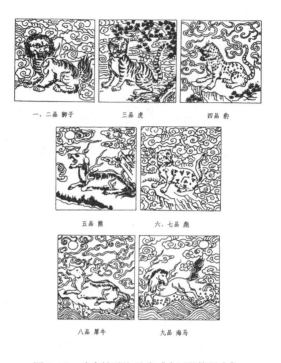

一、二品 狮子　　三品 虎　　四品 豹

五品 熊　　六、七品 彪

八品 犀牛　　九品 海马

图 3-24　武官补子纹 选自《中国服饰通史》

　　纹饰在汉服的应用中，数量的多少与所处的位置也有很强的象征意味。数量单一、独自出现的为整个服饰的主题，通常处于中轴或中心位置，是视觉的焦点、内涵的重心。此外，中华民族历来在数字的安排上喜欢"成双成对"，因此在汉服纹饰的构图中常以对仗形式出现，突出"四平八稳"的形态模式。同时，在各纹样的内容选择上也讲究相互的连贯、呼应，如：有象征"加官"的纹饰，必定有"进禄"的图案对应。"三"与其衍生的倍数"六""九""十二"在国人的数字观念中是多的意思，象征"旺盛""繁茂"，故此汉服中的纹饰多以此安排构图数量。此外，"三"的构图排列不仅结合了"对仗"的要求，更突出了"单独"的主题，暗示国人以"中"为"大"为"贵"的传统文化思想理念。汉服中还有成组、成群的排列组合，它们之间必定有相互的联系，协调巧妙地穿插于一体，表达各自的意涵。如：由琴、棋、书、画四种图案组成的纹饰，用以象征高度的智慧与修养，表达一种人文主义精神。

通过上述内容的分析，美术这种运用一定物质材料及造型方法，创造出来的具有一定空间和审美价值的视觉形象，使艺术与人的生活朝夕相处。从古至今，没有一个朝代能在没有美术参与的情况下留下好的建筑、好的城市以及好的生活。汉服美与美术的关系是密不可分的，美术的意义在于美的创造，美的创造要在美术的作品中得到展现。汉服从其最初的确立到最终的消亡，都因为有了美术的渲染及升华才得以承载如此多动人的美好形象。服装设计就是人物性格的外化，可以通过一个人的服饰了解其生活，设计服装其实就是设计人。如果说，中国传统文化是汉服的精髓，那么美术就是其灵魂。它引领着汉服美的形象一步步从传统、从历史走来，生动、鲜活的勾勒出汉服宽博大气、自然含蓄的东方韵味。

第四章
汉服与国民意识更新

清兵入关，为达到"首崇满洲"的政治目的，维护其政权统治，提出了"剃发易服"的政治决策，强迫人们遵从满族的着装形式，但在官服的制定过程中依旧借鉴和参考中国传统汉服服制。同时，在汉族人的强烈反抗下，清廷终究妥协让步，被迫采纳明朝遗臣金之俊的"十从，十不从"建议，其中有关"生必从时服，死虽古服无禁；成童以上皆时服，而幼童古服亦无禁；男子从时服，女子犹袭明服。盖自顺治至宣统，皆然也"[1]。这些对汉服所作出的服用规定，在一定程度上缓解和消

图 4-1　清代女子穿汉服形象
选自清雍正十二妃子画像

解了当时的矛盾，此后太平军效仿封建王朝礼制，以衣冠区分、维护等级统治有很大关系。虽然，这次的服饰改革没有起到风俗改良的作用，但却给当时清廷的衣冠服制带来了沉重的打击，为以后维新运动中服饰观念的创新搭建有利平台（图 4-1、图 4-2）。

受内部与外部双重压力的冲击，到了清代，尤其是鸦片战争的爆发，中国沦为半殖民地半封建社会，被迫接受西方文化，国家形态开始发生根本的变化，持续统治了两千多年的君主专制体制逐步

------

[1]"十不从"内容："男从女不从，生从死不从，阳从阴不从，官从吏不从，老从少不从，儒从释道不从，娼从优伶不从，仕宦从而婚姻不从，国号从而官号不从，役税从而语言文字不从"。〔清〕徐珂撰：《清稗类钞》第十三册《诏定官民服饰》，中华书局，1984 年。

瓦解，朝着中西文化交汇的现
代转型期发展。在坚船利炮的
攻击下，中西文化率先在东南
沿海地区相互碰撞，传统的中
华文明面临着千年巨变，那种
"天下中心"的优越心理被彻底
摧毁，对世界的认识也逐步由
"天下"转为"万国"。这一系
列的突变，使汉服遭到了致命
的打击。

图 4-2　蟒袍
（传世）

　　世界上任何文化都不是游
离于历史发展之外的，在历史的演变中，文化本身也面临与历史同
步的问题。改革开放后中国坚持以经济建设为中心，强调在坚持社
会主义道路的同时还要面向现代化、面向世界、面向未来创造。中
华民族优秀的传统文化在历史转变下，被注入了新活力、新内容，
为建设中国特色社会主义增添鲜明的时代特征与风貌。国人的民族
意识在中国传统文化回归与振兴的今天逐步开始复苏，以"汉服"
为载体复兴中国传统文化的浪潮正以一种强劲的势头遍及华夏大地。
借"汉服"这一文化符号来作为"仪礼之服"，是当下许多民众用以
发扬民族精神、继承民族文化的举措。由此而引发的汉服款型厘清
问题，不仅是整个中华民族国民意识更新的思想表现，也是国民对
民族精神、文化意识的呼号。

第一节　中西服饰文化的冲突与融合

　　文化的转型，势必引发服饰的变化，但这些变化是异常艰难和
缓慢的。因为这种以坚船利炮为支撑的文化转型不是建立在相互沟

图 4-3　长袍马褂与西服混搭
选自《从长袍马褂到西装革履》

通、文明礼仪基础上的平等交流，而是一种强制性的文化灌输与镇压。这样的社会背景势必引发"非先王之法服不敢服"的思想抵制。尽管在东南沿海地区一些买办的服饰已出现西化的端倪，但大多数国人依旧不愿辱没老祖宗传承了几千年的传统，以至于中西服饰文化发生了极为严重的冲突，成为社会矛盾的焦点。

　　辛亥革命的胜利，使最后的封建王朝被彻底推翻，根植于人们思想中的传统理念也随之倾斜倒塌。中、西服饰文化思想得到了空前的融合，一些纯粹的西式时装逐步被国人认可，中华民族的服饰观念彻头彻尾地被改变，着装模式被外来服饰所替代，至此中国服饰全盘西化的总趋势得以奠定。于是，汉服带着昔日无限风光暂时隐退于中国服饰的历史舞台，直到20世纪80年代，改革开放的国策犹如一股清新的春风，将沉睡多年的汉服文化再次唤醒，伴随着这股强劲的"中国风"，汉服又一次登上世界服饰的展演舞台，并重新以一种越演越烈的形势屹立于世界服饰之林，为现代时装注入新的设计元素与文化内涵（图4-3、图4-4）。

图 4-4　琵琶襟马褂（传世）

一　西洋文化冲击下的汉服观

据《左传·僖公二十二年》载："内其国而外诸夏，内诸夏而外夷狄。"[1] 可见，这种天子在中央，诸侯居四方，四夷外括围。所有国、族顶超膜拜护卫"中央大国"的观念由来已久地根植于人们的思想，直至国门洞开才得以改变。因为，中国自古以来处于相对封闭的东亚大陆之中，统治者对于各国使节的来访，一律看作"属国"朝贡，所有通商要求均不予理睬，认为中国地大物博、物产丰富无需与"外藩"对等贸易。由于对世界的总体发展概况相知甚少，一直处于一种唯我独尊的盲目自大里，在"安土乐天"的思想定势下，俨然不知世界已发生了巨大的变化（图 4-5、图 4-6）。

1840 年鸦片战争爆发，中国沦为半殖民地半封建社会，来华的外国人日益增多，不仅带来了他们的思想观念也带来了他们的文化，积贫积弱的中国人的民族精神日益消弭，汉服观念也开始逐步削弱。首先，对中国着装理念造成影响的是西方传教士的传教活动。这些在鸦片战争前有违法度的行为被"洋枪""洋炮"逼迫得从决不允许到后来的自由开放是经历了一定时间的。初期，由于传统文化、礼

---

〔1〕杨伯峻编著：《春秋左传·僖公》（十三经注疏），中华书局，2009 年。

图 4-5 琵琶襟长袍——行装（传世）

仪风俗、生活习惯的截然迥异，基督教很难在中国大陆推广。于是来华的传教士身着中国人的服装，走入大众生活，不少天主教会还以免学费、供衣食的方式吸引国人的加入。于是，这种从文化思想到着装理念的全方位文化侵略，不仅在教民和教会学校的学生中初现成效，并对其他国人开始产生潜移默化的影响。其次，面对外国列强坚船利炮的威胁，清朝政府开始痛定思痛，有了"师夷长技以制夷"的政治主张。于是在曾国藩、李鸿章、左宗棠等一批朝廷重臣所从事的"洋务运动"倡导下，自 1872—1881 年分四批共派出120 名六至十余岁的男性孩童赴美留学有关舰船、火炮、铁路等一系列西方文化科学知识。这些正处于可塑性年龄的幼童在长时间西式生活习惯与思维方式的熏陶下，剪掉辫子、穿起洋装，思想意识也逐步开始发生变化。这些行为变化传至清廷，被一些封建官僚认为是："其弃中国衣冠而易西装者，既回华时仍易华装，而其性情脾气居然与西人无异。以此等华人回华，是不过多一西人而已"[1]。这种观点在当时社会可以说代表了绝大多数民众的思想倾向，以至于在这些

─────────────

〔1〕王东霞编：《百年中国社会图谱》，四川人民出版社，2004 年，第 57 页。

留学生被召回国后,沿途看热闹的民众不断取笑他们"违背圣贤之道"的着装模式。另外,一些来华官员、贸易商人及其家眷也带来了西洋的服饰模式,这些"有违祖制"的奇装异服,在"华洋杂处"、中外互婚的过程中长期交汇、逐步融合,以至于清政府专门在1910年颁布禁令不许留学生与外国人通婚。由于港口的开通,长江下游及东南沿海地区中西民众交往接触紧密,因此受影响也最早,其中以上海最为突出。据载,1867年1月30日中国有了历史上第一个穿西装的人,这名被称之为"詹长人"的中国男子携洋妻在上海丽如银行办事,所服洋装形象引起市民极大兴趣,蜂拥尾随的民众曾一度引发交通的堵塞。此后,一些买办也率先穿起西装,但此时的身着洋装完全为经商交际方便,并不是思想上的完全认可和接受,可随着时间的推移、认识的改变逐步变化,视穿洋装是一种时髦的象征。

从18世纪中叶与西方文化的初步接触,再到19世纪末"师夷长技以制夷"的开放学习,可以说整个中国的服饰观念虽有变化,但没有被全面颠覆。那些赴美留学的学生在西洋文化熏陶下依旧不敢"数典忘祖",为顺应现实社会时局,在回国后装起了假辫子,脱下了西洋装,改回以往的衣着打扮,不敢越雷池一步。虽然,在当时社会有个别人也有服用西装的现象,但世代沿袭的以服饰分品级的制度却不曾改变。即使是洋人在中国朝廷中任职,也绝无例外必须按官品等级服用相应官服。然而,随着中国国门的洞开,中国人的文化理念也在悄悄地发生着变化。在满族服饰都得不到统治政权有力保护而受到冲击的同时,原本就被压制再压制、削弱再削弱的汉服观念更被侵蚀得体无完肤。至此,中华民族曾经璀璨、耀眼的奇葩——汉服,带着其无限丰厚的内涵与艺术形象,正式走下世界服饰的历史舞台。

图4-6　高领窄袖长袄（传世）

二　汉服的"西风东渐"与"东风西渐"

在中国受"西风"影响最早的地区首先是在长江下游及东南沿海一带。大量的舶来品如：西服、内衣、洋袜等洋服在当地市场中出现，但由于这些奇装异服的款式造型离中国传统文化教育相去甚远，所以得不到国人的认可，服用者极为个别。此后，这些被大多数国人所排斥的西洋服饰，率先被在港口与外国人通商的"买办"们所接受，成为第一批身着西装的中国人。此后，一些国人从邻国日本"明治维新"的变革成功中得到启示，提出要想自强就要破除成见，学习日本效法西洋，"断发易服"的主张。但由于只有少数一些海外华人和革命党人的效仿，此时的服饰变革提议并没有在国内引起多大的反响 [1]。直到 1898 年由新加坡年轻华人引发的集体剪辫事件的爆发，才又一次点燃国内提倡维新的先驱们有关服饰造型方面改革焰火。为此，维新派领袖康有为于 1898 年 6 月还专门呈递《请断发易服改元折》，请朝廷以更改大众衣冠形象，作为学习西方先进

〔1〕1868 年，日本开始明治维新，颁布断发脱刀，改用西历，定西服为礼服等政令。

文化的重要内容，认为这样的变革会带来开启民智的意义 [1]。虽然，康有为去除封建陋习、创新社会建制的举措在当时社会是具有进步意义的，但从实际出发是脱离现实国情的激进主张。因为，一个民族、一个国家的风俗习惯是经过漫长的历史演化而逐步形成的，绝不可能一蹴而就。所以在特定的历史进程中，一下子让人抛弃经过多年侵染已完全融入民众思想意识与生活习惯的中国式服装去改穿外国人的西装革履，这对于自古就以"天下中心"为自居的中国人，一时是无法接受的。在当时的国人心中，满族服饰代替汉服完全属于中国人内部的问题，毕竟共同属于一个祖先。可如果彻底抛弃祖宗、家法服用侵略者的衣服，那就如同认贼作父一般。此外，且不从文化理念、审美艺术等层面的角度出发，仅从每个家庭、每个人更换服装所需经费这一现实问题来考虑，就与许多劳苦大众的生活承受力不成正比。所以，这种"一刀切"的激进服饰主张很难被人们所认可，理所当然地受到了大多数人的抵制。此后，随着中、西之间日益频繁的交流，以及一些留学生、商人、官僚等的带动，普通民众也被逐步同化，开始渐渐认可和接受西洋服饰。值得一提的是，虽然清朝政府曾多次禁令各级臣民不得服用洋装，但随着上流社会西洋服饰的流行，当朝天子溥仪也开始量身定制西洋服装。至此，"西风东渐"的浪潮，以一股势不可挡的形态开始大规模地席卷中国

---

〔1〕康有为：《请断发易服改元折》："今则万国交通，一切趋于尚同，而吾以一国衣服独异，则情意不亲，邦交不结矣。且今物质修明，尤尚机器，辫发长垂，行动摇舞，误缠机器，可以立死，今为机器之世，多机器则强，少机器则弱，辫发与机器，不相容者也。且兵争之世，执革跨马，辫尤不便，其势不能不去之。欧、美百数十年前，人皆辫发也，至近数十年，机器日新，兵事日精，乃尽剪之，今既举国皆兵，断发之俗，万国同风矣。且垂辫既易污衣，而蓄发尤增多垢，衣污则观瞻不美，沐难则卫生非宜，梳刮则费时甚多，若在外国，为外人指笑，儿童牵弄，既缘国弱，尤遭戏侮，斥为豚尾，出入不便，去之无损，留之反劳。断发虽始于热地之印度，创于尚武之罗马，而泰伯至德，端委治吴，何尝不先行断发哉？"选自汤志钧：《康有为政论集》（上册），北京，中华书局，1981年版。

1.1850年中国官服　2.19世纪后期政府官员服饰　3.20世纪长衫　4.1911–1949年间正式男装

5.1936年军服　6.1870年满足妇女服饰　7.1900年北京妇女着装　8.1912–1915年妇女时装

9.1934年妇女时装　10.1956年妇女时装

图4-7　近代以来中国男女服装

选自《服饰：人的第二皮肤》

大地。这场"断发易服"的变革，从表象看是关乎文化转型的问题，可从其本质剖析这是人们追求平等、渴望自由的心灵释放。虽然这种反封建、反迷信，提倡民主与科学的思想取缔了统治中国几千年的服饰等级制度，同时也去除了一些长期遗留的陋习。但笔者认为，这种完全摈弃自我民族传统以西洋服饰文化为参照依据的崇洋做法是不可取的。首先，应该打破故步自封的思想禁锢，放眼世界、放眼未来，学习外国先进的科学技术，改善落后的社会局面。不要在外国人坚船利炮的攻势下就误认为西洋的东西全部都强于我们，认为全盘西化就是找到了民族自强的出路。其次，在中华民族历史的长河中经过优秀文化侵润而成长起来的汉服，蕴含和汇集了多少丰富的传统文化精髓，它是中华民族之民族精神、民族文化的浓缩反映。曾有多少传世绝句对汉服宽博大气、褒衣薄带的艺术风采赞叹不已，它是无数中国人一直引以为豪的服饰形象。所以，盲目西化丢弃原本属于我们自己传承几千年优秀的文化是一项非常令人遗憾的举措（图4-7、图4-8）。

在"西风东渐"浪潮的席卷下，西洋服饰在中国大陆已不再被人们视为异端，一种"以洋为新"的创新服饰观念成为主导。于是就有了西裤、皮鞋配长衫，中西服饰混合交叉的搭配模式。上海由于开埠最早，是中、西融汇的窗口，于是也成为"华洋时装"的前沿。据统计，1850年上海进

图4-8　彩绣高领袄（传世）

口西洋货物总值为390.8万元，到了1860年就已升至3667.9万元，1870年又攀升到4466万元，其中大约半数是鸦片，各种日用杂货占4%—10%[1]。用洋货、穿洋装、喝洋酒一时间成为新鲜而又时髦的生活方式。到了宣统年间，上海妇女的服饰观念已发生了翻天覆地的改变，开始强调身体曲线的突出和裸露了。与此同时，更有一些时尚女性还身穿男子服饰女扮男装出现在大众视线。衣饰崇洋之风形成了一股势不可挡的风气在全国蔓延，其中西装成为时尚人士必不可少的物品，于是大量量身定制西服的时装店出现在各大城市街头。民国建立，政府法定西装为男女礼服定式。虽然，这一举措将封建等级服制彻底清除，但却使这股"崇洋之风"愈吹愈烈，不仅在经济上冲击了一直以来傲视天下的丝织业发展，同时更进一步削弱了中华民族有关优秀传统文化的传承与保护。于是，一些爱国人士对此提出异议："装可改，服可易，外国货不可用，国货不可废也。"[2]几经修改和酝酿，民国政府于1912年10月正式对外宣布决定男女礼服：男子两种，分别为大礼服和常礼服。大礼服有昼服与晚礼服之分，配西式长裤，戴高平顶有檐帽。昼服：黑色，长度及膝，袖长于手脉，前对襟，衣背后下端分衩，配同色长及踝皮靴；晚礼服：

---

〔1〕李长莉：《近代中国社会文化变迁录·第一卷》，浙江人民出版社，1998年，第129—130页。

〔2〕王东霞编：《百年中国社会图谱》，四川人民出版社，2004年，第91页。

有如西洋燕尾服样式，只是将其后摆该为圆形，配短筒露袜式皮鞋。常礼服，黑色，分中、西两种：西式，其样式与大礼服相似，戴底筒有檐圆顶帽；中式，为长袍马褂，用丝、毛、棉、麻织品为之。女子礼服样式、品种相对简单，上衣为立领，长度及膝之对襟、左右两侧及背后下端开衩的长衫，通施锦绣；下身为裙，左右裙摆施皱褶，前、后中幅为平面，腰缘用带绑系。

可以看出，此时的西洋服饰在中国拥有多么高的地位。人们认为："既有西装的形式，就要有西装的精神。西装的精神在于发奋踔厉，雄武刚健，有独立的气象，无奴隶的性质。如果衣服装束与外国人相同，与之交往则没有隔阂，无凌辱之患，总之，穿了西装，可振工艺，可善外交，可以强兵，可以强种。"[1]就在西服普遍在中国的土地上充斥着人们的思想的时候留学美国和德国的著名作家林语堂先生曾专门针对这一社会现象写过《论西装》的文章加以讽刺和抨击，他认为人们为西洋器物文明震慑是国人屈就效颦，西服无论在伦理上、美感上、卫生上均不能与中国传统服饰相比。此外，领导中国旧民主主义革命40余年的领袖孙中山先生在"中山装"的创制中，也体现出与西方文化求同存异的思想[2]。这种既保留西服干练、贴身又含有中国本土社会气息的新式服装迅速在国内流行。20世纪20年代末，国民政府重新颁布《民国服制条例》定中山装为礼服之一。这种兼顾中国特色的礼服仍然在国际领域被视为中国男子礼服的代表样式。

---

〔1〕诸葛铠等：《中国服饰文化的历程》，中国纺织出版社，2007年，第300页。
〔2〕"中山装"因孙中山1911年辛亥革命后从欧洲回到上海创制而得名。其来源说法不一，有的认为根据英国猎装改制而来，有的认为根据南洋华侨流行的"企领文装"改制而来，有的认为源于日本铁路工人服，还有的认为是日本陆军士官服的改制。孙先生将直翻领代替西装衬衫的硬领，贴四明袋，象征礼、义、廉、耻国之"四维"，袋盖成倒山形笔架式软盖，对襟上缀五粒纽扣，象征中华民国五权宪法与西方三权分立的政治制度不同，袖口的三粒纽扣分别代表民族、民权、民生三民主义。

爱美是女人的天性，女子服饰也在日新月异的变化着，受西洋服饰的影响，一些无领、袒臂、露胫的新式服饰深受时髦女性的欢迎，开始以一种势不可挡形式广泛流行开来。20 世纪 30 年代中国第一家时装公司"云裳时装公司"在上海的成立，更将这股时尚风气推到了极致。于是，从质料到做工都极度考究的西式女装大衣、贴身式旗袍迅速从上海滩风靡到全国。其中，旗袍这种从满族妇女旗装中演变而来的服装，结构简洁，

图 4-9　旗袍

（选自旧上海老月份牌）

极具女性人体曲线魅力的造型样式，更成为民国时期流行时间最长，服用层面最为普及的女性礼服形式。久而久之，中山装和旗袍逐步演化为中国男子、女子最具代表性的服饰的样式之一（图 4-9）。

　　随着中国综合国力的提升，中国文化再一次成为焦点被人们关注。由于汉服无论从样式、色彩、装饰还是剪裁方法都最能体现中国传统文化丰厚的内涵与艺术气息，故此从 20 世纪 80 年代起，受到了各国时装艺术设计大师的青睐，他们纷纷在自己的设计作品中吸收汉服的艺术元素，在世界服饰的舞台上展演和引领着潮流的变化。于是，一股浓浓的中国风逐步以"东风西渐"的状态吹向世界服饰之林。

　　总之，从国人对西洋服饰的排斥抵抗，到盲目崇拜、引以为豪，再到现代社会"东服西渐"，汉服元素深受世界服饰界追捧，国人的服饰观念发生了巨大的变化。以往被一些崇洋人士所鼓吹的"西服万能论"在现代中国科学技术与经济实力的不断提高下变得如此不堪一击，人们深刻地感受到作为一个中国人的自豪。在这种思想意识不断更新，民族精神不断加强的时刻，作为中华儿女，每一个中

国人从内心深深地对老祖宗留下优秀文化——汉服的遗失感到惋惜，那么抢救和保护汉服文化、弘扬民族精神的举措就成为一项重要的任务需要我们不遗余力地去加以完善。

第二节 汉服在世界服饰文化中的地位与作用

从古至今，汉服在世界服饰之林都备受世人瞩目，享有极高的地位，这首先要归功于其所使用的独特面料——丝。据考古界研究报告可以了解，中华民族的辉煌文明在文化方面能够在世界范围内独树一帜的原因是拥有玉、漆、丝、瓷这四大特质物。纵观历史，诸如石、青铜、铁等物质在各国历史发展过程中都有出现，而唯独以上四物仅中国所特有，并在很长时间范围内形成独尊的局面。因此丝也成为对外贸易时间最早、最长的产品。赵丰先生在《中国丝绸艺术史》中对于丝绸还有自己独到的评述，他认为使中国人最为引以为豪的四大发明中，有两项与丝绸有直接关系，如：造纸术，"纸"字的最初含义就是制丝绵过程中茸丝的积淀物；印刷术，其发明与丝绸凸版印花术有关，是先有彩色套印图案，再有文字印刷[1]。这一观点虽没有得到有关机构的实际考证与认可，但笔者认为这种新奇的说法不无道理。早在5000年前人们就已经掌握了从蚕茧中抽取丝线纺织织物的工艺手段，随着纺织技术的不断成熟，人们逐渐发展、创新出许多独特的生产方法，这无疑会带动其他生产技术的革新与创造。以丝绸制作的汉服，其质地细腻柔滑、飘逸洒脱、养生益寿、品质卓越，蕴涵了浓厚的东方艺术韵味，服饰上精湛的纹样及装饰，随着丝绸之路的开通，向各国传输着中国的文明与精神，这不仅使中国成为古代世界四大纺织文化圈中极具独特魅力的国家，更使中国的丝绸

---

〔1〕赵丰：《中国丝绸艺术史》，文物出版社，2005年，第9页。

织物与制品远销国外，在对外宣传的同时也极大地丰富和填补了世界纺织面料的空白，使中国丝织技术在世界上声名鹊起，具有划时代的重大意义。

20世纪80年代，中国又一次打开通往世界尘封已久的国门。汉服艺术中的诸多如右衽、镶边、弧形摆以及用料、纹饰等元素在世界时装的舞台上此起彼伏的释放出耀眼的光芒，这股浓烈的"中国风"在倾倒各国人民的同时，也向世界宣布中国璀璨的汉服艺术之伟大及夺目。

一　对世界服饰发展的影响

公元前2世纪，汉武帝两次派张骞出使西域，于是一条通往波斯、中亚、西亚以及欧洲之间举世闻名的"丝绸之路"就此开通，汉服伟大的艺术成就也随着这条通往世界的道路被传播到各地，最终对世界服饰文化的发展起到了不可替代的作用。汉服文化中对世界各国服饰发展造成影响最大的首推汉服的服装质料——丝绸。据日本人关卫《西方美术东渐史》载："中国为产绢之国，从古就为欧洲人所知道，据希罗多德所说，希腊商人来到中国西境的，是在公元前六、七世纪时。"[1] 可见，随着不断频繁的对外交流，除自身传播、输出外，一些来华外国使臣、商人等也纷纷将在中国学习、感受到的汉服文化带回自己的国土，影响和推动本国服饰艺术的发展与更新。为了获得更多的中国丝绸，各国纷纷用自己的香料、饰品等货物来与之交换，以便满足人们不断增长的需求。从《魏略》中有关罗马帝国在公元2、3世纪用于互换中国产品的一份清单记载可见一斑：

"大秦多金、银、铜、铁、铅、锡、神龟、白马、朱髦、骇鸡犀、

---

〔1〕〔日〕关卫著、熊得山译：《西方美术东渐史》，上海书店出版社，2007年，第78页。

玳瑁、玄熊、赤螭、辟毒鼠、大贝、车渠、玛瑙、南金、翠爵、羽翮、象牙、符采玉、明月珠、夜光珠、真白珠、琥珀、珊瑚、赤、白、黑、绿、黄、青、绀、缥、红、紫十种流离，璆琳、琅玕、水精、玫瑰、雄黄、雌黄、碧五色玉、黄、白、黑、绿、紫、红绛、绀、金黄、缥、留黄十种氍毹，五色毾𝄂，五色、九色首下毾𝄂，金缕绣、杂色绫、金涂布、绯持（特）布、发陆布、温色布、五色桃布、绛地金织帐、五色斗帐、一微木、二苏合、狄提、迷速、兜纳、白附子、黄陆、郁金、芸胶、薰草木十二种香"[1]。

罗马共和国末期，凯撒大帝曾身穿用中国丝绸制作的华美长袍赴剧院观看演出，引发贵族男女竞相服用，以此来炫耀身份的显贵。由于路途遥远、运输困难，丝绸的进口量极为有限，价格等同于黄金，用纯丝绸制成的服装只有皇帝才有资格服用，能穿得起丝绸服饰的贵族们也仅服用的是丝与其他纤维混纺合成的织物。虽然这股奢侈之风多次被梯皮留斯大帝禁止，但始终不能阻滞人们对中国丝绸的渴求。于是，专门销售中国丝绸的市场出现了，这进一步扩大了其对外的影响。时至4世纪，罗马史学家马赛里努斯说："昔时我国仅贵族始得衣之，而今则各级人民无有差等，虽贱至走夫皂卒，莫不衣之矣。"[2]在这种对中国丝织品狂热的渴求下，地处"丝绸之路"要塞的波斯，是中国丝绸远销欧洲的最大转运站，从而有大量的机会吸收东、西各方的纺织技艺，丝织业迅速兴起。这极大地刺激了大量需求丝绸的拜占庭帝国，于是出现了公元552年几名来自印度的僧人（一说波斯人）将蚕种藏在竹杖中偷运出中国，献给查士丁尼大帝的故事。从此，拜占庭成为继波斯、印度后可以养蚕缫丝的国家，贵族穿起了模仿中国织锦而制成的斯卡尔曼琴长袍，可以说拜占庭帝国的服装款式及纹样其实是东西服饰文化共同结合的产物。

---

〔1〕〔魏〕鱼豢撰：《魏略》，中华书局，1978年。

〔2〕缪良云等：转引自《衣经》，上海文化出版社，1999年，第3页。

这种情况同样也影响了古代阿拉伯帝国（中国史籍称"大食"），《通典·边防》中有这样的记载：杜环于唐天宝十载（751）至宝应元年（762）间，在阿拔斯王朝都城库法见到"绫绢机杼""画者京兆人樊淑、刘泚；织络者河东人乐、吕礼"。可见，众多的中国技师在此时被请去传授相关技艺。此外，海上"丝绸之路"的开通，更进一步奠定了汉服艺术在世界范围内的影响，这些随着货轮运出的锦绮罗绢，在张扬自己独特的艺术魅力的同时，还一路传播着中华文明的伟大[1]。

随汉服面料对外广泛的影响，一些国家在将汉服服制整体引进外，还将汉服的款型定为本国正规的礼服样式。例如，唐朝繁荣昌盛的社会局面，不仅使中国成为政治、经济、文化以及服饰交流的中心，而且成为亚洲、欧洲甚至非洲人神往的圣地，无论其服装用料还是款式造型多对各国人民产生了深远的影响。其中，贞观二十二年（648），新罗王真德派子文王及弟伊赞子春秋来朝，"因请改章服，从中国制"；高丽国"王服五彩，以白罗制冠，革带，皆金钿。大臣青罗冠，次绛罗。珥西鸟羽。金银杂钿。衫袖筒，袴大口。白韦带，黄革履。庶人衣褐，戴弁。女子首巾帼"；百济国"王服大袖紫袍，青锦袴，素皮带，乌革履，乌罗冠，饰以金花。群臣绛衣，饰冠以银花。禁民衣绛紫有文"，君臣服式皆与中国汉服形制相同[2]。日本受汉服文化的影响更为深远，在公元2世纪末到3世纪初日本服饰还处于中国原始社会的服饰状态。据《三国志·魏志·东夷传》载："其风俗不淫，男子皆露紒，以木棉招头，其衣横幅，但结束相

　　〔1〕"海上丝绸之路"：西至地中海，西北达大西洋滨的丹吉尔，西南伸向东非德尔加多角以北的基尔岛。

　　〔2〕〔宋〕欧阳修、宋祁撰：《新唐书》卷二百二十《东夷列传第一百四十五》，中华书局，1975年，第6185页。

238

图 4-10　服装设计作品
选自《大师手稿》

图 4-11　推古天皇侄子圣德太子像
选自《中国服饰通史》

连，略无缝。妇人被发屈纷，作衣如单被，穿其中央，贯头衣之。"[1]
后受中国汉服影响，统治阶层开始服用上下分装式服装样式，男装称：
"衣裤"，女装称"衣裳"。南朝宋泰始六年（470），中国织工、缝女
由百济赴日本传受制衣技艺。雄略天皇十二年，日本采取了一系列
发展纺织事业的举措，并专门派使臣在中国江南一带聘请制衣技工，
用以提高日本服饰方面的技艺（图 4-10）。推古天皇时期，更效仿中
国隋代汉服服制，制定"冠位十二阶"的宫廷服制。从图 4-11 推古
天皇侄子圣德太子像中的着装形象就足以证明汉服文化对日本服饰
发展所起到的作用（图 4-11）。此后，汉服文化源源不断输入日本，
在隋唐汉服风格影响下应运而生的"唐风贵族服"最终演化为日本
民族服装——和服。此外，中国的提花、印染技术以及各种染料等，
也传入日本，为其纺织技术的全面发展做出了巨大贡献，其中许多如：
印花、染缬、刺绣等技艺至今仍被传承、使用。可以说，汉服文化
艺术对日本等诸国的服装成熟发展起到了无法估量的功绩，具有划
时代的意义。

[1]《三国志》卷三十《魏书·东夷》，中华书局，2007 年。

当然，中西彼此间的交流，也使外来服饰文化融入汉服艺术发展、创造之中。例如唐代波斯式的大衫、六合靴、中印度式的披巾、吐火罗式的窄袖袍、小口裤、回鹘式的"小腰身"等等都有外来因素的影响，当时的长安成为世界服饰展演的中心。其形象各异、色彩纷争的汉服形象，毋庸置疑地构成了中国"衣冠王国"的世界地位。

二　在当今服饰时尚领域的地位

美国著名服装设计师肖佛尔曾这样评价中国传统服饰："中国服装的风格是简练、活泼的，它的式样是更多地突出自然形体美的效果，优雅而腼腆，这比华丽、辉煌的服装更有魅力……折枝花卉的刺绣图案在服装上是灵活而不呆板的，看来富有生气，使人感到愉快。"[1] 20世纪80年代初，改革开放的开拓创新精神随着通往世界大门的敞开，不仅为中国特色社会主义文化注入了新的活力，同时也将汉服优秀的文化艺术推向了世界时装发布的前沿。一向以西式设计为主的意大利著名时装设计大师瓦伦蒂诺（Garavani Valentino）受汉服艺术元素的吸引率先推出了自己具有东方情调的服装成衣设计，那种既庄重又华丽的创新形象一下子吸引了人们的眼球，从此拉开了汉服在时尚流行领域的帷幕。此后汉服元素一直被这位大师运用于设计作品，其中在2005年秋冬季时装发布会上，以中国江南织锦刺绣为元素的晚装面料，或采用镂空绣法或形成凹凸不平的肌理，在强调面料立体浮雕感的同时，更彰显出着装者婀娜、妖娆的姿态。此外，瓦伦蒂诺还直接将汉服中右衽、衿襜、织锦等元素结合传统汉服纹样与现代设计理念构建出具有浓郁中国风情的时尚服饰设计（图4-12）。于是，极具中国民族风味的元素在世界各国时装设计师

---

〔1〕〔美〕肖佛尔：《服装设计艺术》，宁波出版社，1998年，第37页。

的手中运用、搭配，构成了一件件引领
时尚潮流、倡导流行趋势的新款时装。

被誉为 20 世纪全球最伟大的设计
师之一的伊夫·圣·洛朗（Rves Saint
Laurenl），1936 年出生于阿尔及利亚，
21 岁就已成为全球最负盛名的迪奥时
装公司的首席设计师，1962 年在巴黎
以自己的名字为主题创建属于个人的
公司。其时装设计风格前卫、大胆，开
创了模特不戴胸罩展示薄透时装的先河
（图 4-12）。走在时尚前沿、设计理念

图 4-12　伊夫·圣·洛朗设计作品
选自《现代服装设计》

新颖的大师同样也嗅到了时尚流行的艺术气息，于 1977 年在法国巴
黎秋冬时装周上推出了一台以"中国风"命名的时装发布会，引起
了时尚界的轰动。设计师将汉服中笠帽与清代官帽相结合，作为模
特头部装饰；服装整体采用汉服传统丝绸质料，镶滚边缘，佩加流苏、
璎珞；所用图案均出自于传统汉服纹样。以"中国风"（Chinoiserie）
命名的一系列高级成衣，由此所形成的艺术形式，被世界时装界解
释为："是一种追求中国情调的西方图案或装饰风格。属欧洲罗可可
艺术的分支，反映欧洲人对中国艺术的理解和对中国风土人情的想
象，倾注着西方传统的审美情趣。"[1] 1985 年，设计师带着这套作品
远渡重洋来到中国，在北京进行展示，但由于此时的中国大陆正处
于一种对西方事物充满新奇观望的状态，故此并没有收到多少反响。
此后，伊夫·圣·洛朗虽然从日本和服中得到设计灵感，在 T 台上推
出了一款浅黄色右衽服饰设计作品，但这件与汉服同出一辙的时装
款式在添加了现代设计手法后俨然如同汉服在现代社会的传承延续，

---

〔1〕华梅：《服饰与中国文化》，人民出版社，2001 年，第 752 页。

又一次在世界时尚界引起轰动。

此后，从汉服中得到灵感而创作时装的世界顶尖级设计大师比比皆是，如：英国高级女装设计师露西·克雷斯汀娜·休瑟兰德（Lucile）设计的无袖右衽交领背心式上衣，配以透明纱质大袖衬衣，在串串流苏的掩映下，宛若东方仙子的驾临；意大利设计师詹费兰科·费雷（Gianfranco Ferre），运用汉服中的抹胸元素在后背交叉绑带，结合夸张腰带、手镯等现代新潮装饰饰物，在含蓄中透出强烈的现代时尚；日本设计师高田贤三，将中国人最喜爱的红色作为服装主基调，在裤子及围巾上饰以翠绿、粉红手绘花鸟图案，在色彩的强烈对比中吸引了大批的国际商贸订单。层出不穷的汉服元素如：质料、纹样、装饰以及各种款式造型在世界各大设计师的时装发布会现场出现，以至于时尚杂志《JOYCE》的专题作者简·威瑟斯对"中国风"引起的时尚风潮作出这样评价："这股东方的潮流因力量的转移而将改变 21 世纪的模样，这与来自中国影响的震荡绝非巧合。"[1] 可见，汉服艺术在世界服饰之林所造成的影响是强烈、巨大的，它在推动时尚流行领域深层次拓展的同时，又使中华民族优秀的文化艺术得以传承和发展。所以说，汉服文化艺术在当今服饰时尚领域为中华民族形象的树立，起着至关重要的作用，在世界文化历史舞台奏响辉煌强音的时刻，又一次振兴了中华民族的民族精神与威望。

第三节　汉服与"仪礼之服"

21 世纪是中国传统文化回归和振兴的年代，中华民族的文化意识与民族精神得到复苏，以汉服为载体重振传统文化礼仪、寻找文

---

〔1〕诸葛铠等：转引自《中国服饰文化的历程》，中国纺织出版社，2007 年，第 340 页。

图 4-13　2001 年上海 APEC（亚太经济合作会议）高级峰会

化认同的活动此起彼伏地在中国的大地上开展起来。2001 年 10 月
21 日在上海举行的 APEC（亚太经济合作会议）高级峰会上，各国
领导人身穿用中国传统团花丝锦制成的对襟、立领、盘扣服装一经
亮相，就引起了社会各界的关注。此举进一步将"仪礼之服"问题
推向了舆论的高峰（图 4-13）。由此，有关汉服款型厘清、内涵精神
以及使用规范等相关方面的研讨也随之频繁广议。本书就此内容对
汉服进行了系统性梳理研究，为解决当下人民所关注的相关问题提
供理论平台。

　　汉族，作为当今世界上人口最多，并有着五千多年文明历史的
民族，是当今世界上少数几个文明未曾中断的古老民族之一。汉服，
既汉民族传统服饰（Chinese Hancos Fame），作为中国服饰文化的重
要组成部分在中华民族延绵数千年的文明史中，其辉煌、震撼的艺
术形象不仅是中华民族从政治经济到审美文化各方面的综合体现，
也为世界服饰艺术的拓展与开发做出了广泛而又深远的贡献。从时
间跨度上说，汉服具有极为坚韧的绵延性；从形式功效上说，汉服
涵盖了宽广的包容性；从空间范围上看，它拥有无比丰厚的服用人群，

这在中华民族整个发展史中都是绝无仅有的。由于汉服长期以来一直不变的交领右衽、宽袍大袖的服装造型，正体现了中华民族"以不变应万变"的适应性；在历史长河变迁中不断更新、发展的经历，更顺应了中华民族"以变应变，因时而化"自我更新的生命活力。

一 "唐装"问题的厘清

改革开放带动中国在政治、军事、经济等方面迅速发展，在国际上地位的提高，中国传统文化得到世界各国瞩目，中国国民的民族认同感逐步强化，于是人们的民族自豪感也随之增强，国民有关服饰方面的追求不再趋于盲目崇洋、全盘西化。于是，在新的国际环境及时代背景下，中国人的民族自尊心和文化自信心得到了极大的满足。

2001年在上海举行的APEC（亚太经济合作会议）高级峰会上出现的用中国传统团花丝锦制成的新型中式服装取得了很大的社会反响。由于，这款被称之为"唐装"的中式服装在款式、用料及工艺制作等方面既借鉴传统因素又结合现代时尚理念搭配西式长裤或裙装一起使用，故此一经亮相就迅速在全国范围内流行开来，一度引发了国人争相购买的热潮。

唐代服装也被称之为"唐装"，但此"唐装"并非彼"唐装"。由于它是在清代对襟马褂的基础上发展、借鉴而来的一种中式轻便上装，其款型主要由团花织锦缎面料为主材，通过滚边、镶边、嵌线、盘扣等传统工艺结合接袖、黏合、蒸汽拔烫等现代服装加工技术，形成立领、对襟、接袖、盘扣的服装样式，故笔者将这里所提及的唐装暂且称之为"新唐装"。"新唐装"中的女子款型除清代女子马褂外，还可以追溯到20世纪40年代在上海出现的对襟中式女装，20世纪六七十年代在中国广泛流行的上袖中西式女装以及20世纪

80年代中期在上海流行的"东方衫",以上服饰共同拥有立领、开襟、滚边、微收腰的特点。

"新唐装"的出现也引发了有关"汉服"的热潮。2003年郑州街头出现了第一位穿汉服上班的人,这位电力工人的举动迅速将一个单一的个体行为演化成广泛发展的公众活动。多家有关汉服问题讨论的网络组织、汉服社团、时尚机构等掀起了一轮又一轮的高潮。于是,以身穿汉服举行隆重仪式的典礼被民众所推广,一时成为媒体和商家追捧的热点。2007年有关2008北京奥运会礼仪服饰确定的问题再一次将"汉服"推向大众关注的焦点,多名政协委员联名提议将汉服作为开幕式代表团服装。对"汉服"的热议与辨析又一次将构建"仪礼服饰"的问题推向了高潮,这无疑是中国传统文化的复苏。人们对汉服的迅速接受、认可正说明国人对中华传统文化的渴求。在当今全球一体化浪潮席卷下的国际形势中,梳理和探究中国服饰文化的根源及脉络,已成为我们理解并提升自身要义的借镜,整理和传承中国文明的传统,更是我们实现并弘扬自身价值的根本。

二 发展"仪礼之服"的意义

在历史的变迁与更替中,我国的许多优秀传统文化被逐步束之高阁。原本属于我们的如:端午节等诸多传统的节日被韩国、日本纷纷申请为自己的世界非物质文化遗产;许多中国传统风格的古老建筑遗存被拆除、废弃,取而代之的是对西方现代楼宇样式的简单抄袭,诸如此类的问题层出不穷地出现在现代中国人的社会生活环境中。作为人们生活重心的服饰艺术也未能幸免于难,同样受到波及。21世纪经济信息的全球化也带动了服饰文化的趋同性,在这种国际形势的驱使下,保留我们优秀的传统文化是非常重要的一项举措。一个国家民族形象的确立是其民族身份认同、民族精神弘扬以

及发展最直接的表现形式之一，故此，发展"仪礼之服"具有极为
重要的意义。

自古中国的文化就以精神为重，在古代文明的发展创新中发挥
着无比特殊的作用。于是就有了关于中西文化形制比对之"东方精神、
西方物质"的典型说法。20 世纪 20 年代末，国民政府确立了以中山
装、旗袍为礼服的规定，一时间这种服装形式成为中华民族服饰形
象的代表。但这种从西洋服饰转变、开发而来的服饰是否能够体现
中华民族精神？是否能够被当今社会民众所接受？都是我们需要进
一步探究的问题。因此，中国"仪礼之服"的发展成为摆在国人面前
的一项紧迫任务，也是我们每一个华夏子孙应该努力完成并共同期
待的重要事项。

其次，"仪礼之服"的发展有利于民族凝聚力的增强。马克思曾
说："人的本质不是单个人所固有的抽象物，在其现实性上，它是一
切社会关系的总和。"[1] 在一个民族、国家中，各种社会力量存在于
不同的社会层面，于是就会产生不同的思想理念、价值取向。所以
需要以一种独特的民族精神营造出可以统一、协调，并能够凝聚各
层面精神思想的文化氛围。通过这种深入精神的思想结合，民族与
国家中的每一个成员就会产生统一的思想意识与民族认同。"仪礼之
服"是一个民族整体形象和内涵综合体现的重要标志之一，具有极
强的符号化和象征性，所以也是一个民族精神的载体。它不仅在历
史发展的长河中，成为民族文化价值的体现，在现实生活中更是衡
量和规范服用成员行为准则的戒尺。

最后，中华民族素有"礼仪之邦"的美称。自古以来，礼仪在
国人的社会生活中，一直都处于至关重要的地位。现代社会国际交
往中，礼仪仍然与我们息息相关，是必不可少的组成部分，它维系

---

〔1〕《马克思恩格斯选集》第 1 卷，人民出版社，1995 年，第 56 页。

和沟通人们之间的联系，同时也规范了人们在活动邦交中的行为举止。"仪礼之服"不是一朝一夕就能形成的，它是随着整个民族文化与艺术成就发展而最终定型的。所反映的不仅仅是一个人的外观表象，它是整个民族历史、文化、礼仪、艺术、风俗等各层面的综合体现，是国家间相互交往中形象的代表与身份的导向。有人说设计了多年的服装，最终悟出了"设计服装就是设计人"，那么我们设计"仪礼之服"就是设计中华民族的形象，弘扬中华民族的精神。"仪礼之服"强调"礼"而不是"服"，"仪礼之服"的背后透露的是一个民族整体的意识和意志，是政体结构、民族精神、文化素养、审美取向等综合特质和标记。

鉴于以上的种种原因我们不难看出，发展"仪礼之服"不仅意味着中华民族五千年优秀的文明历史能够得以继承和发展，另一方面也推动了国民的民族自豪感和自信心。国人有关对"唐装""汉服""旗袍"等问题的争论，实际上也反映出人们对中华民族优秀传统文化的渴望与期盼。

第四节　汉服精神

通过对上述相关内容的论述，笔者认为全面系统地研究与梳理繁复而庞杂的汉服对传承中国文化有着极为重要的意义。它作为中华民族文化的综合体现，不仅是中国文化不可缺少的重要组成部分，也是世界文化的瑰宝，对中国乃至世界服饰发展做出了巨大贡献。

中华民族民族精神是中华民族特质的集中表现，是中华民族漫长经历的历史积淀和升华，是中华人们各民族关系的纽带，是融入人们生命中的价值观念，以及凝聚在人的心理结构的精神资源。也是我们中华民族一切关系的本质，是一个民族在其发展过程中产生的一种强烈的民族意识，是"整个民族文化的灵魂和升华，它集中表现了一个民族在一定的客观自然环境和社会历史条件下建构的自己生活的独特方式，反映了一个民族的独特性格和风貌"[1]。由庞大的民族构成体系与多元一体格局共同构建的中华民族，其中汉族占91.59%，少数民族占8.41%。在漫长的历史发展中，各民族逐渐形成了以汉族为主体的大杂居、小聚居的局面，截至2009年，汉族人口达13亿左右，是中国，也是世界上人口最多的民族、主要分布在中国、泰国、新加坡等东南亚国家和地区。

汉服是中华民族文化的表现形式之一。几千年来，汉服是随着汉民族的形成而形成，发展而发展的，有着深厚的文化底蕴和历史背景，是本民族文明的象征。由于汉服应用地域广阔、发展演变又不断融合创新，其传承性表现在：汉服的源流可以追溯到中国上古黄帝时期；其统一性表现在：从黄帝时期到明清，历时近五千年的时间跨度，和数百万平方公里的空间之中。因此，汉服不仅是中国服饰文化最重要的组成部分，也是中国传统文化精神的高度概括和传承。

汉服是中华民族审美倾向的表现形式之一。领悟汉服的审美感受是由形象所唤起的一种广阔自由的想象、情感、理性等诸多心理因素的融合。汉服宽大飘逸、流畅脱俗、超形质而重精神、离尘世而取内心的基本样式正体现出中国人追求含蓄自然、崇尚"天人合一"、倡导逍遥、追求玄远的传统审美取向。

汉服是中华民族社会价值的表现形式之一。从古至今，汉服都明确的标志着人们的等级、身份、尊卑、贫富，一靴一帽、一巾一饰无不体现着人们对自身价值的追寻。随着西方列强的入侵，汉族服饰曾一度出现文化断层，它们被全盘西化，传统服饰的昔日辉煌与西方服饰的现代时尚相比，给国人内心造成了强烈落差。文化的

---

〔1〕专引自吴灿新：《民族精神的涵义与价值》，《学术研究》2003年11期。

发展，来自于现实生活的生产和再生产，随着中国现代服饰在近二十年来迅速发展和繁荣，国际地位迅速提升，带有浓厚中国风情的服饰元素，开始成为世界服饰追崇的热点，中国文化也成为不容忽视的服饰主题。

汉服是中华民族人文风俗的表现形式之一。我国的地域、环境、节气、风俗、人情等等都强烈的体现在"汉服"的千变万化中。色彩观念的表达、吉祥纹饰的运用、材质工艺的更新，无不渗透着中华民族的人文和风俗、明心而见性，它是人们内心价值的守望与表达，传导着生命的炽热，是中华民族意识的张扬与更新。

由于汉服的内在精神是文化积淀、审美倾向、社会价值、人文风俗、民族融合等的综合体现，同时中国传统文化中所蕴含的民族精神、哲学思想、伦理道德、"礼"法制度、宇宙观念，也都涵盖在汉服中。它追求平和自然、宽厚仁爱、天人合一的思想境界，塑造出了宽袍大袖、交领右衽、绳带系结的服装造型，这种风格特色正体现出华夏民族宽松、和谐、包容四海的气度和胸襟。绳带系结的服装样式正是中华民族特有文化底蕴的渗透。"绳"谐音"神"，其盘曲蜿蜒的形态又与龙相似，中国人是龙的传人。"结"谐音"吉"，预示幸福、美满，是人类永恒追求的审美主题。

处于当今现代化高科技发展的今天，让沉寂多年的汉服艺术元素成为构建"仪礼之服"的基础，要世人充分认识和接受，不能仅凭着一腔的热血而忽视了其现实使用功能。所以我们设计师必须注意，尊重传统文化并非提倡复古，古为今用是要从人们现实生存和发展需要出发，吸取本民族的智慧结晶，创造民族文化的现代风格和现代气魄，从而体现传统文化的现实价值。洋为中用是要提高鉴赏与识别能力，以西方先进的设计理念结合中国传统服饰艺术形态，开创和拓展"新汉服"的发展。真正抓住了汉服所蕴含的民族精神实质、厘清汉服形制取向，才能使"仪礼之服"的整体系统得到完善，多层面、多视角全面使"仪礼之服"体现出中国人的传统审美理念和文化底蕴，在世界范围内弘扬民族精神、民族思想。

参考文献

1.〔汉〕郑玄注、〔唐〕贾公彦疏本:《周礼》,上海古籍出版社,1994 年。

2.〔汉〕郑玄注、〔唐〕贾公彦疏本:《仪礼》,上海古籍出版社,1994 年。

3.〔汉〕郑玄注、〔唐〕贾公彦疏本:《礼记》,上海古籍出版社,1994 年。

4.〔清〕王聘珍:《大戴礼记解诂》,中华书局,1983 年。

5.〔唐〕杜祐:《通典》卷六十一《君臣服章制度》、卷六十三《天子诸侯玉佩剑绶玺印》,卷一百七《开元礼纂类二,序列中》,卷一百八《开元礼纂类三,序列下》,中华书局,1984 年。

6.〔东汉〕应劭:《风俗通义》,中华书局,1983 年。

7.〔南宋〕郑樵:《通志·舆服略》,中华书局,1984 年。

8.〔东汉〕刘熙撰:《释名》,商务印书馆,1939 年。

9.〔东汉〕许慎撰:《说文解字》,商务印书馆丛书集成本,1939 年。

10.〔西汉〕史游撰,〔唐〕颜师古注、〔宋〕王应麟补注:《急就篇》,上海商务印书馆,1983 年。

11.〔唐〕马缟:《中华古今注》,上海古籍出版社,1987 年。

12.〔宋〕范晔撰,〔唐〕李贤等著:《后汉书·舆服志》,中华书局,1965 年。

13.〔唐〕房玄龄等撰:《晋书·舆服志》,中华书局,1974 年。

14.〔唐〕魏征、令狐德棻撰:《隋书舆服志》,中华书局,1973 年。

15.〔后晋〕刘昫撰：《旧唐书·舆服志》，中华书局，1975 年．

16.〔宋〕欧阳修、宋祁撰：《新唐书·车服志》，中华书局，1975 年。

17.〔梁〕沈约撰：《宋书·礼仪志》，中华书局，1974 年。

18.〔元〕脱脱等撰：《宋史·舆服志》，中华书局，1977 年。

19.〔清〕张廷玉等撰：《明史·舆服志》，中华书局，1974 年。

20.〔唐〕李隆基撰、李林甫注：《唐六典》，中华书局，1977 年。

21.〔宋〕徐天麟撰：《西汉会要·舆服》，中华书局，1977 年。

22.〔宋〕徐天麟撰：《东汉会要·舆服》，商务印书馆，1983 年。

23.〔宋〕王溥撰：《唐会要·舆服》，中华书局，1990 年。

24.〔清〕王初桐：《奁史》，中华书局，1990 年。

25.〔宋〕高承辑编：《事物纪元》，商务印书馆，1989 年。

26.〔宋〕李昉等辑：《太平御览·礼仪部》，商务印书馆，1989 年。

27.〔明〕王思义编：《三才图会》，上海古籍出版社，1988 年。

28.〔西汉〕刘歆撰、〔东晋〕葛洪辑抄：《西京杂记》，中华书局，1990 年 版。

29.〔汉〕卫宏撰：《汉官旧仪》中华书局，1990 年。

30.〔宋〕李上交撰：《近事会元》，商务印书馆，1983 年。

31.《考工记》，中华书局，1989 年。

32.〔宋〕聂崇义辑、丁鼎点校：《新定三礼图》，清华大学出版社，2004 年。

33.《吕氏春秋》十二纪，中华书局，1983 年。

34.〔西汉〕董仲舒：《春秋繁露·服制》，中华书局，1983 年。

35.〔晋〕崔豹：《古今注》，中华书局，1988 年。

36.〔清〕彭定求：《全唐诗》，中华书局，1987 年。

37.〔清〕龙文彬：《明会要·舆服制》，中华书局，1989 年。

38.〔唐〕虞世南：《北堂书钞·礼仪部·衣冠部·服饰部》，中华书局，1991 年。

39.〔明〕王三聘：《古今事物考·冠服》，中华书局，1990 年。

40.〔唐〕刘肃：《大唐新语·卷十（服饰）》商务印书馆，1987 年。

41. 陈东原：《中国妇女生活史》，上海文化出版社，2000 年。

42. 杨萌深：《衣冠服饰》，上海文化出版社，2000 年。

43. 王关仕：《礼仪服饰考辨》，台北，文史哲出版社，1977 年。

44. 沈从文：《中国古代服饰研究》，香港商务印书馆，1981 年。

45. 周锡保：《中国古代服饰史》，中国戏剧出版社，1984 年。

46. 周汛、高春明撰文：《中国历代服饰》，上海市戏曲学校中国服饰史研究组编著，上海学林出版社，1984 年。

47. 周汛、高春明撰文：《中国服饰五千年》，上海市戏曲学校中国服装史研究组编著，商务印书馆香港分馆、学林出版社合作出版，1984 年。

48. 张文斌：《服装人体功效学》，中国纺织出版社，2006 年。

49. 王宇清：《中华服饰图录》，世界地理出版社，1984 年。

50. 吴淑生、田自秉：《中国染织史》，上海人民出版社，1986 年。

51. 李正：《服装学概论》，中国纺织出版社，2006 年。

52. 周汛、高春明：《中国历代妇女妆饰》，学林出版社、香港三联书店有限公司，1988 年。

53. 华梅：《中国服装史》，天津：天津人民美术出版社，1989 年。

54. 周汛、高春明：《中国古代服饰风俗》（中国风俗丛书），陕西人民出版社，1990 年。

55. 赵超：《华夏衣冠五千年》，中华书局（香港）有限公司，1988 年。

56. 王维堤：《衣冠古国——中国服饰文化》，上海古籍出版社，1991 年。

57. 孙机：《中国古舆服论丛》，文物出版社，1993 年。

58. 黄士龙：《中国服饰史略》，上海文化出版社，1994年。

59. 袁杰英：《中国历代服饰史》，高等教育出版社，1994年。

60. 刘永华：《中国古代军戎服饰》，上海古籍出版社，1995年。

61. 华梅：《人类服饰文化学》，天津人民出版社，1995年。

62. 段文杰：《敦煌壁画中的衣冠服饰》，甘肃人民出版社，1995年。

63. 周汛等：《中国衣冠服饰大辞典》，重庆出版社，1996年。

64. 沈从文：《中国古代服饰研究·增订本》，上海书店出版社，1997年。

65. 黄能馥、陈娟娟：《中国服饰史》，中国旅游出版社，1998年。

66. 黄能馥、陈娟娟：《中国历代服饰艺术》，中国旅游出版社，1999年。

67. 徐海荣：《中国服饰大典》，华夏出版社，2000年。

68. 缪良云等：《中国衣经》，上海文化出版社，2000年。

69. 李之檀：《中国服饰文化参考文献目录》，中国纺织出版社，2001年。

70. 赵丰：《纺织品考古新发现》，艺纱堂/服饰工作队（香港），2002年。

71. 孙机：《中国古舆服论丛》（增订本），文物出版社，2003年。

72. 华梅：《服饰民俗学》，中国纺织出版社，2004年。

73. 诸葛铠等：《文明的轮回——中国服饰文化的历程》中国纺织出版社，2007年。

74. 彭德：《中华五色》，江苏美术出版社，2008年。

75. 蒋玉秋、王艺璇、陈铎：《汉服》，青岛出版社，2008年。

76. 徐复观：《中国艺术精神》，华东师范大学出版，2001年。

77. 余虹：《禅宗与全真道美学思想比较研究》，中华书局，2008年。

78. 周来祥等：《中华审美文化通史》，安徽教育出版社，2007 年。

79. 陈炎：《中国审美文化简史》，高等教育出版社，2007 年。

80. 李泽厚：《美学三书》，商务印书馆，2006 年。

81. 叶立诚：《服饰美学》，中国纺织出版社，2001 年。

82. 阴法鲁等：《中国古代文化史》，北京大学出版社，2008 年。

83. 靳之林：《绵绵瓜瓞》，广西：广西师范大学出版社，2002 年。

84. 刘成纪：《汉代身体美学考论》，人民出版社，2007 年。

85. 安毓英、束汉民：《服装美学》，中国轻工业出版社，2001 年。

86. 陈东原：《中国妇女生活史》，商务印书馆，1998 年。

87. 戴钦祥、陆钦、李亚麟：《中国古代服饰》，商务印书馆，1998 年。

88. 戴争：《中国古代服饰简史》，中国轻工业出版社，1999 年。

89. 费孝通：《生育制度》，商务印书馆，1999 年。

90. 费孝通：《中华民族多元一体格局》，中央民族大学出版社，1999 年。

91. 高春明：《中国服饰名物考》，上海文化出版社，2001 年。

92. 顾方松：《凤鸟图案研究》，浙江美术出版社，1982 年。

93. 回顾：《中国丝绸纹样史》，黑龙江美术出版社，1990 年。

94. 居阅时、翟明安：《中国象征文化》，上海人民出版社，2001 年。

95. 梁漱溟：《东西文化及其哲学》，商务印书馆，1999 年。

96. 钱穆：《中国文化史导论》，商务印书馆，1994 年。

97. 王维堤：《龙凤文化》，上海古籍出版社，2000 年。

98. 周来祥：《古代的美·近代的美·现代的美》，东北师范大学出版社，1996 年。

99. 陈默等：《民族美术传统的当下意义》，四川美术出版社，2007 年。

100.萧克等:《中华文化通志·服饰志》上海人民出版社,1998年。

101.萧克等:《中华文化通志礼仪志》,上海人民出版社,1998年。

102.吴山:《中国工艺美术大辞典》,江苏美术出版社,1987年。

103.蔡锺翔、邓光东:《原创在气》,百花洲文艺出版社,2001年。

104.华梅:《服饰与中国文化》,人民美术出版社,2002年。

105.黄钦康:《中国民间织绣印染》,中国纺织出版社,1998年。

106.郑巨欣:《中国传统纺织品印花研究》,中国美术学院出版社,2008年。

107.黄国松:《色彩设计学》,中国纺织出版社,2001年。

108.吴康:《中华神秘文化词典》,海南出版社,1993年。

109.张道一:《中国印染史略》,江苏美术出版社,1987年。

110.吕思勉:《中国民族史》,中国大百科全书出版社,1987年。

111.赵丛苍:《古代玉器》,中国书店出版社,1999年。

112.王大有:《龙凤文化源流》,北京工艺美术出版社,1988年。

113.赵丰:《唐代丝绸与丝绸之路》,三秦出版社,1992年。

114.施正一:《民族词典》,四川民族出版社,1984年。

115.郑传寅、张健:《中国民俗词典》,中国纺织出版社,1985年。

116.高明:《古文字类编》,中华书局,1987年。

117.郑巨欣:《中国传统纺织品印花研究》,中国美术学院出版社,2008年。

118.陈娟娟:《中国织绣服饰论集》,紫禁城出版社,2005年。

119.〔日〕峰屋邦夫:《礼仪士冠疏》,东京大学东洋文化研究所,1984年。

120.〔韩〕成秀光著、金玉顺译:《服装环境学》,中国纺织出版社,1999年。

121.〔日〕笠原仲二著、杨若薇译《古代中国人的美意识》,三联书店,

1988 年。

122.〔德〕黑格尔，朱光潜译：《美学》，商务印书馆，1997 年。

123.〔美〕Alison Lurie 著、李长青译：《解读服装》，中国纺织出版社，2000 年。

124.〔美〕安妮·霍兰德著、魏如明译：《性别与服饰》，东方出版社，2000 年。

125.〔美〕戴维·波普诺著、李强等译：《社会学》，中国人民大学出版社，1999 年。

126.〔日〕荻村昭典著、〔日〕宫本朱译：《服装社会学》，中国纺织出版社，2000 年。

127.〔英〕马凌诺斯基著、费孝通译：《文化论》，华夏出版社，2002 年。

128.〔德〕恩斯特·卡西尔著、李小兵译：《符号、神话、文化》，东方出版社，1988 年。

129. Sosan B.KaiSer 著、李宏伟译：《服装社会心理学》（上下册），中国纺织出版社，1999 年。

130.〔韩〕崔圭顺：《中国历代帝王冕服研究》（东华文库系列丛书），东华大学出版社，2007 年。

131.〔美〕杜·舒尔茨：《现代心理学史》，人民教育出版社，1982 年。

132.〔苏〕莫·卡冈著、金亚娜译：《艺术形态学》，三联书店，1986 年。

133.〔苏〕列·谢·瓦西里耶夫著、诸光明译：《现代心理学史》，文物出版社，1989 年。

134.〔美〕W.爱伯哈德著、陈建宪译：《中国文化象征词典》，湖南：湖南文艺出版社，1989 年。

135.〔美〕爱德华·W.萨义德著、王宇根译：《东方学》，三联书店，2000年。

136.〔日〕成一夫著、亚建译:《色彩史话》，浙江人民美术出版社，1990年。

137.〔法〕布尔德瓦著、耿昇译：《丝绸之路》，山东画报出版社，2001年。